高等教育土木类专业系列教材

有限单元法及应用

YOUXIAN DANYUANFA JI YINGYONG

编著　赵　冬　张卫喜　毛筱霏

重庆大学出版社

内容提要

本书主要介绍有限单元法的基本理论、格式与求解方法，包括平面、三维应力、等参数单元，以及杆系结构单元、薄板和薄壳问题。另外，也简要介绍了有限元动力分析，并在附录中介绍了作为有限元理论基础的插值函数、变分和能量原理等。

本书可作为土木、水利、力学类专业本科教材，也可作为研究生、工程技术人员学习有限单元法的参考用书。

图书在版编目(CIP)数据

有限单元法及应用/赵冬，张卫喜，毛筱霏编著. --重庆：重庆大学出版社，2022.8

高等教育土木类专业系列教材

ISBN 978-7-5689-3214-1

Ⅰ.①有… Ⅱ.①赵… ②张… ③毛… Ⅲ.①有限元法—高等学校—教材 Ⅳ.①O241.82

中国版本图书馆 CIP 数据核字(2022)第 072849 号

高等教育土木类专业系列教材

有限单元法及应用

编著　赵　冬　张卫喜　毛筱霏

策划编辑：王　婷

责任编辑：陈　力　　版式设计：王　婷

责任校对：夏　宇　　责任印制：赵　晟

*

重庆大学出版社出版发行

出版人：饶帮华

社址：重庆市沙坪坝区大学城西路 21 号

邮编：401331

电话：(023)88617190　88617185(中小学)

传真：(023)88617186　88617166

网址：http://www.cqup.com.cn

邮箱：fxk@cqup.com.cn(营销中心)

全国新华书店经销

重庆市联谊印务有限公司印刷

*

开本：787mm×1092mm　1/16　印张：12　字数：286 千

2022 年 8 月第 1 版　　2022 年 8 月第 1 次印刷

印数：1—2 000

ISBN 978-7-5689-3214-1　定价：39.00 元

本书如有印刷、装订等质量问题，本社负责调换

版权所有，请勿擅自翻印和用本书

制作各类出版物及配套用书，违者必究

1

绪　论

1.1　引言

在工程结构分析中,有限元方法已成为数值求解的强有力工具,所涉及的领域从土木工程、机械、航空航天等传统固体力学领域的变形和应力分析,到热流、磁通量、渗流等流动问题的场分析。随着计算机技术和计算机辅助工程技术的发展,可以较为便捷地对许多复杂问题进行建模分析,使结构分析发生了质的飞跃。

从应用数学的角度考虑,有限单元法的基本思想可以追溯到应用数学家(如 R. Courant)、物理学家(J. L. Synge)和工程师(J. H. Argyris 和 S. Kelsey 等)。其中 R. Courant(1943)首先尝试应用在一系列三角形区域定义的分片连续函数和最小位能原理相结合,来求解 St. Venant 扭转问题。此后,不少应用数学家、物理学家和工程师分别从不同角度对有限元法的离散理论、方法及应用进行了研究。M. J. Turner, Ray W. Clough(1956)等人将刚架分析中的位移法推广到弹性理论平面问题,并用于飞机结构的分析。他们首次给出了用三角形单元求解平面应力问题的正确解答。三角形单元的特性刚度矩阵和结构的求解方程是由弹性理论的方程通过直接刚度法确定的。他们的研究工作开启了利用电子计算机求解复杂弹性理论问题的新阶段。1960 年 Ray W. Clough 进一步求解了平面弹性问题,并第一次提出来“Finite Element Method(有限单元法)”的名词,使人们更清楚地认识到有限单元法的特性和作用。

解决实际工程问题的有限元法的发展始于数字计算机的出现,换言之,数字计算机的使用实现了有限元法的实用性和普遍适用性。随着计算科学和技术的快速发展,有限元法的通用性和有效性愈加突出,受到了工程技术界的高度重视。近 40 年来,随着与计算机科学与技术的深度融合,有限元法在理论及方法的研究、计算机程序的开发及应用领域的开拓等方面均取得了根本性的发展,已成为当今工程结构分析中应用最广泛的数值计算方法,也成为计算机辅助设计(CAD)、计算机辅助工程(CAE)和计算机辅助制造(CAM)的重要组成部分。

对于工程结构的分析,作为一种求解微分方程(组)定解问题的数值方法,有限元法以弹性理论的研究方法和基本方程作为基础。

1.2 弹性分析的数值解法

勒夫(A. E. H. Love)(1944)在其经典著作《*A Treatise on the Mathematical Theory of Elasticity*》中首先指出:“数学弹性理论致力于研究某一受平衡力系作用或处于轻微的内部相对运动状态下的固体,试图把它的内部应变或相对位移纳入计算,并努力为建筑、工程以及所有构造材料为固体的工艺方面,求得实用上重要的结果。”这似乎已经成为弹性理论的一个标准定义。

弹性理论对于应力、应变和位移这些物理量,通过几何学、物理学和静力学的分析,建立了这些变量需要满足的弹性域内控制方程(一般表达式多为偏微分方程组的形式),根据弹性域所受外力与边界约束状况确定问题的定解条件。

而其求解方法可大致分为两大类:其一,对于各类给定的问题,求解上述控制方程,得到各个物理量在弹性域内的连续函数解,即解析解(精确解),这类方法称为解析解法。然而,虽经数学、力学工作者长期的努力,也只是对少数几何形状规则、荷载与边界比较简单的问题得到了解答。对于多数问题,尤其是在工程实际问题中,当弹性域或者边界条件较为复杂时,通常难以得到解答。其二,为此,对已建立的微分方程需要寻求近似解法——数值解法。

在弹性力学问题中,变分法是被广泛应用的数值解法之一。

变分法是将待求函数应满足的一定的微分方程和定解条件这样的提法变为待求函数是一定的泛函(函数的函数)的极值函数,也就是说,令泛函取极值的函数就是微分方程的解。用这种方法寻求近似解,首先要针对给定问题推导出相应的泛函,泛函一般表达式为求解区域内的定积分形式;然后设出待求函数(在泛函中包含的函数)的试探函数,试探函数中包含已知的函数系列和系列中每个待求系数;把试探函数代入泛函,对其中的已知函数进行运算后,泛函中未定的也只有各个待定系数,泛函也就变成了待求系数的多变量函数了,泛函的极值问题就变成了函数的极值问题;利用多变量函数求极值点的条件可以推导出求待定函数的代数方程组。

变分法在弹性力学问题求解中曾成功得到了应用,但因其对工程中几何形状和边界条件较为复杂的各种问题仍难以得到解答,因而未能在工程问题中得到广泛应用。自 20 世纪 70 年代以来,依托电子计算机的高速发展和普及而迅速发展的有限单元法,则很好地弥补了上述方法的缺陷,极大地推动了数值计算的应用。

图 1.1 给出了弹性分析的主要方法。

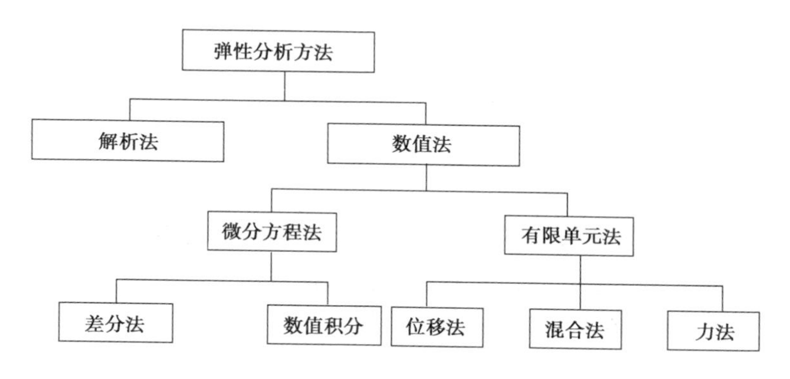

图 1.1 结构分析常用方法

1.3 有限单元法基本概念

从选择基本未知量的角度可分为 3 类:位移法、力法和混合法,其中以位移法应用较为广泛。本书着重介绍基于弹性理论的以位移为未知量的有限单元法的基本理论,及其在结构分析中的初步应用。

这里先介绍经典的变分问题近似解法——里兹法。里兹法是先假设未知解为带有未知参数的已知函数(试函数)。代入泛函表达式后得到由未知参数来表示的泛函。应用变分原理,根据泛函的极值条件,得到 n 个线性代数方程。解出未知参数,也就得到了问题的近似解答。这种方法可以说是通过对函数的"离散"而得到方程组的。它的困难在于所试选函数必须满足整个区域的边界条件,这在一般情况下是十分困难的,有时甚至是难以做到的。

有限单元法的基本思想,就是对求解的弹性域进行离散化,即将具有无限多个自由度的连续体,化为有限多个自由度的结构体系。具体来说,就是将具有无限自由度的整个弹性域用有限多个、有限大小(微小)且相互之间仅在有限多个点处连接的一系列区域的集合体来替代(图 1.2)。这些微小的区域称作单元,各单元间相互连接点称作结点。整体结构将以结点位移参数作为基本未知量(有限自由度)。这一区域剖分的过程称作结构**离散化过程**,即建立有限元数值分析模型。

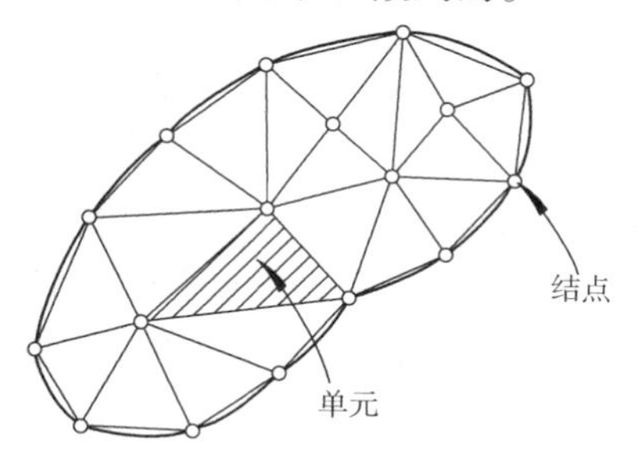

图 1.2 连续介质的离散过程

其次是考虑单元的平衡。在单元区域内设置一个函数表示任意点位移随位置变化形态,这种假设的试函数称为位移模式,在一般情况下,它应当满足单元之间位移的连续性。按照函数插值理论,将单元内任意点的位移通过一定的函数关系用结点位移参数来表示,即位移插值函数。随后则从分析单元入手,采用能量原理建立单元基本方程。这一过程称作**单元分析**。

再把所有单元集合起来,进行整体受力分析,得到一组以结点位移参数为基本未知量(自由度)的多元代数方程组,称为结构或求解区域的有限单元法整体分析方程。结合位移边界条件即可求解结点位移参数。这一过程称为**整体分析**。

解出结点位移参数后，可根据单元位移插值函数以及弹性理论基本方程得出弹性域任意点的应变和应力。

将整个弹性域剖分和以有限的结点位移参数为基本未知量是有限单元法的基本构想和分析问题的出发点。

对于实际工程结构的多样性、荷载与边界约束的复杂性，有限单元法解的基本思想就是采用基于能量原理的变分方法将难以求解的弹性理论基本方程中多元偏微分方程组变换为求解多元代数方程组，使得结构分析易于实现。

1.4 小位移弹性理论基本方程的矩阵表示

矩阵运算是有限单元法采用的基本方法之一。本节将弹性理论基本方程和边界条件等采用矩阵形式表述。

▶ 1.4.1 平衡微分方程

弹性体 V 域内任一点的平衡微分方程为

$$\left.\begin{aligned}\frac{\partial\sigma_x}{\partial x}+\frac{\partial\tau_{xy}}{\partial y}+\frac{\partial\tau_{xz}}{\partial z}+f_x&=0\\\frac{\partial\tau_{yx}}{\partial x}+\frac{\partial\sigma_y}{\partial y}+\frac{\partial\tau_{yz}}{\partial z}+f_y&=0\\\frac{\partial\tau_{zx}}{\partial x}+\frac{\partial\tau_{zy}}{\partial y}+\frac{\partial\sigma_z}{\partial z}+f_z&=0\end{aligned}\right\}\tag{1.1}$$

平衡微分方程用矩阵表示为

$$\boldsymbol{L}_1\boldsymbol{\sigma}=\boldsymbol{f}\tag{1.2}$$

式中 $\boldsymbol{L}_1$——平衡方程中的微分算子矩阵：

$\boldsymbol{\sigma}$——应力列阵或应力向量；

$\boldsymbol{f}$——体力列阵或体力向量。

$$\boldsymbol{L}_1=\begin{bmatrix}\frac{\partial}{\partial x}&0&0&0&\frac{\partial}{\partial z}&\frac{\partial}{\partial y}\\0&\frac{\partial}{\partial y}&0&\frac{\partial}{\partial z}&0&\frac{\partial}{\partial x}\\0&0&\frac{\partial}{\partial z}&\frac{\partial}{\partial y}&\frac{\partial}{\partial x}&0\end{bmatrix}\tag{1.3}$$

在物体内任一点处，其内力状态可由 6 个应力分量来定义

$$\boldsymbol{\sigma} = \begin{Bmatrix} \sigma_x \\ \sigma_y \\ \sigma_z \\ \tau_{yz} \\ \tau_{zx} \\ \tau_{xy} \end{Bmatrix} = [\sigma_x \quad \sigma_y \quad \sigma_z \quad \tau_{yz} \quad \tau_{zx} \quad \tau_{xy}]^{\mathrm{T}} \tag{1.4}$$

$$\boldsymbol{f} = \begin{Bmatrix} f_x \\ f_y \\ f_z \end{Bmatrix} = [f_x \quad f_y \quad f_z]^{\mathrm{T}} \tag{1.5}$$

对于平面问题,平衡微分方程简化为

$$\left.\begin{aligned} \frac{\partial \sigma_x}{\partial x} + \frac{\partial \tau_{xy}}{\partial y} + f_x = 0 \\ \frac{\partial \tau_{xy}}{\partial x} + \frac{\partial \sigma_y}{\partial y} + f_y = 0 \end{aligned}\right\}$$

则(1.2)式中

$$\boldsymbol{L}_1 = \begin{bmatrix} \frac{\partial}{\partial x} & 0 & \frac{\partial}{\partial y} \\ 0 & \frac{\partial}{\partial y} & \frac{\partial}{\partial x} \end{bmatrix}$$

$$\boldsymbol{\sigma} = \begin{Bmatrix} \sigma_x \\ \sigma_y \\ \sigma_z \end{Bmatrix} = [\sigma_x \quad \sigma_y \quad \tau_{xy}]^{\mathrm{T}}$$

$$\boldsymbol{f} = \begin{Bmatrix} f_x \\ f_y \end{Bmatrix} = [f_x \quad f_y]^{\mathrm{T}}$$

▶ 1.4.2 几何方程

在小变形条件下,弹性体内任一点的应变-位移方程为:

$$\varepsilon_x = \frac{\partial u}{\partial x}, \varepsilon_y = \frac{\partial v}{\partial y}, \varepsilon_z = \frac{\partial w}{\partial z}$$

$$\gamma_{xy} = \frac{\partial u}{\partial y} + \frac{\partial v}{\partial x}, \gamma_{yz} = \frac{\partial v}{\partial z} + \frac{\partial w}{\partial y}, \gamma_{zx} = \frac{\partial w}{\partial x} + \frac{\partial u}{\partial z} \tag{1.6}$$

可用矩阵表示为:

$$\boldsymbol{\varepsilon} = \boldsymbol{L}\boldsymbol{u} \tag{1.7}$$

式中 $\boldsymbol{L}$——微分算子矩阵;

$\boldsymbol{\varepsilon}$——应变列阵或称为应变向量;

$\boldsymbol{u}$——位移列阵或位移向量。

$$\boldsymbol{L} = \begin{bmatrix} \frac{\partial}{\partial x} & 0 & 0 \\ 0 & \frac{\partial}{\partial y} & 0 \\ 0 & 0 & \frac{\partial}{\partial z} \\ 0 & \frac{\partial}{\partial z} & \frac{\partial}{\partial y} \\ \frac{\partial}{\partial z} & 0 & \frac{\partial}{\partial x} \\ \frac{\partial}{\partial y} & \frac{\partial}{\partial x} & 0 \end{bmatrix} \tag{1.8}$$

在物体内的任一点处,其应变状态由 6 个应变分量来定义:

$$\boldsymbol{\varepsilon} = \begin{Bmatrix} \varepsilon_x \\ \varepsilon_y \\ \varepsilon_z \\ \gamma_{yz} \\ \gamma_{zx} \\ \gamma_{xy} \end{Bmatrix} = [\varepsilon_x \quad \varepsilon_y \quad \varepsilon_z \quad \gamma_{yz} \quad \gamma_{zx} \quad \gamma_{xy}]^{\mathrm{T}} \tag{1.9}$$

$$\boldsymbol{u} = \begin{Bmatrix} u \\ v \\ w \end{Bmatrix} = [u \quad v \quad w]^{\mathrm{T}} \tag{1.10}$$

对于平面问题,几何方程可简化为

$$\varepsilon_x = \frac{\partial u}{\partial x}, \varepsilon_y = \frac{\partial v}{\partial y}, \gamma_{xy} = \frac{\partial v}{\partial x} + \frac{\partial u}{\partial y} \tag{1.11}$$

则式(1.7)中

$$\boldsymbol{\varepsilon} = \begin{Bmatrix} \varepsilon_x \\ \varepsilon_y \\ \gamma_{xy} \end{Bmatrix} \tag{1.12}$$

$$\boldsymbol{u} = \begin{Bmatrix} u \\ v \end{Bmatrix}$$

$$\boldsymbol{L} = \begin{bmatrix} \frac{\partial}{\partial x} & 0 \\ 0 & \frac{\partial}{\partial y} \\ \frac{\partial}{\partial y} & \frac{\partial}{\partial x} \end{bmatrix} \tag{1.13}$$

(3)单元刚度矩阵

由式(2.32)可知,由于$\boldsymbol{k}^{\mathrm{T}}=\boldsymbol{k}$,因此单刚$\boldsymbol{k}$为对称矩阵。

对于厚度为常数t的3结点三角形平面单元,单刚$\boldsymbol{k}$可简化为

$$\boldsymbol{k}=t\iint_{A}\boldsymbol{B}^{\mathrm{T}}\boldsymbol{D}\boldsymbol{B}\mathrm{d}x\mathrm{d}y \tag{2.38}$$

根据式(2.1)~式(2.4),将单刚$\boldsymbol{k}$表示为对应于结点的分块形式

$$\boldsymbol{k}=\begin{bmatrix}\boldsymbol{k}_{ii} & \boldsymbol{k}_{ij} & \boldsymbol{k}_{im}\\ \boldsymbol{k}_{ji} & \boldsymbol{k}_{jj} & \boldsymbol{k}_{jm}\\ \boldsymbol{k}_{mi} & \boldsymbol{k}_{mj} & \boldsymbol{k}_{mm}\end{bmatrix} \tag{2.39}$$

于是,式(2.37)可以写作

$$\begin{bmatrix}\boldsymbol{k}_{ii} & \boldsymbol{k}_{ij} & \boldsymbol{k}_{im}\\ \boldsymbol{k}_{ji} & \boldsymbol{k}_{jj} & \boldsymbol{k}_{jm}\\ \boldsymbol{k}_{mi} & \boldsymbol{k}_{mj} & \boldsymbol{k}_{mm}\end{bmatrix}\begin{Bmatrix}\boldsymbol{\delta}_i^e\\ \boldsymbol{\delta}_j^e\\ \boldsymbol{\delta}_m^e\end{Bmatrix}=\begin{Bmatrix}\boldsymbol{F}_i^e\\ \boldsymbol{F}_j^e\\ \boldsymbol{F}_m^e\end{Bmatrix} \tag{2.40}$$

其中子块为

$$\boldsymbol{k}_{rs}=t\iint_{A}\boldsymbol{B}_r^{\mathrm{T}}\boldsymbol{D}\boldsymbol{B}_s\mathrm{d}A\qquad(r=i,j,m;s=i,j,m) \tag{2.41}$$

式中　$\boldsymbol{k}_{rs}=(r=i,j,m;s=i,j,m)$分别应于单元结点$r,s$。

对于3结点三角形常应变单元,$\boldsymbol{B}$,$\boldsymbol{D}$均为常数阵,因此式(2.38)可进一步简化为:

$$\boldsymbol{k}=tA\boldsymbol{B}^{\mathrm{T}}\boldsymbol{D}\boldsymbol{B} \tag{2.42}$$

图2.7给出了各物理量应力$\boldsymbol{\sigma}$、应变$\boldsymbol{\varepsilon}$、位移$\boldsymbol{u}$与单元结点位移$\boldsymbol{\delta}^e$、单元结点力$\boldsymbol{F}^e$之间的逻辑转换关系。

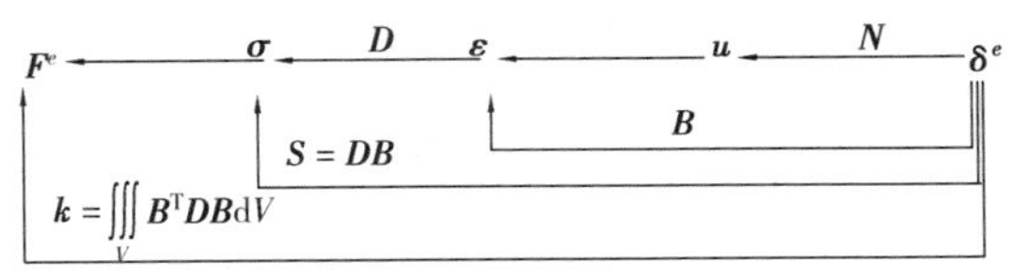

图2.7　各物理量之间转换关系

2.2.6　单元等效结点荷载

离散模型需要将所有非结点分布体力和分布面力等效移置到结点上而成为等效结点荷载。等效法则采用虚功原理,即原荷载与等效结点荷载在任意虚位移上所做的虚功相等。在给定的位移模式之下,这样移置的结果是唯一的。

设单元结点虚位移列阵为$(\boldsymbol{\delta}^e)^*$,则单元虚位移函数为

$$\boldsymbol{u}^*=\boldsymbol{N}(\boldsymbol{\delta}^e)^* \tag{2.43}$$

设W_1^*为单元体力$\boldsymbol{f}$在单元上所做虚功

$$W_1^*=\iiint_V(\boldsymbol{u}^*)^{\mathrm{T}}\boldsymbol{f}\mathrm{d}V=((\boldsymbol{\delta}^e)^*)^{\mathrm{T}}\iiint_V\boldsymbol{N}^{\mathrm{T}}\boldsymbol{f}\mathrm{d}V$$

同理,可得面力$\bar{\boldsymbol{f}}$在单元上所做虚功W_2^*

$$W_2^* = ((\boldsymbol{\delta}^e)^*)^{\mathrm{T}} \iint_{S_\sigma} N^{\mathrm{T}} \bar{\boldsymbol{f}} \mathrm{d}S$$

设 $\boldsymbol{F}_L^e$ 为等效荷载力列阵，根据虚功原理可得

$$((\boldsymbol{\delta}^e)^*)^{\mathrm{T}} \boldsymbol{F}_L^e = ((\boldsymbol{\delta}^e)^*)^{\mathrm{T}} \iiint_V N^{\mathrm{T}} \boldsymbol{f} \mathrm{d}V + ((\boldsymbol{\delta}^e)^*)^{\mathrm{T}} \iint_{S_\sigma} N^{\mathrm{T}} \bar{\boldsymbol{f}} \mathrm{d}S$$

由于 $(\boldsymbol{\delta}^e)^*$ 为任意的，故

$$\boldsymbol{F}_L^e = \iiint_V N^{\mathrm{T}} \boldsymbol{f} \mathrm{d}V + \iint_{S_\sigma} N^{\mathrm{T}} \bar{\boldsymbol{f}} \mathrm{d}S \tag{2.44}$$

对于平面单元，式(2.44)可简化为

$$\boldsymbol{F}_L^e = t \iint_\Omega N^{\mathrm{T}} \boldsymbol{f} \mathrm{d}A + t \int_{S_\sigma} N^{\mathrm{T}} \bar{\boldsymbol{f}} \mathrm{d}s \tag{2.45}$$

由式(2.44)和式(2.45)可以看出，单元等效结点荷载是依据单元位移形态而确定，因此，对于不同类型的单元，由于其形函数的不同，单元等效结点荷载的等效结果是不同的。

下面以简单实例计算一些常见的分布荷载产生的等效结点荷载。

【例 2.1】 如图 2.8 所示，任一厚度为 t 的 3 结点三角形平面单元，容重为 ρg，求等效结点荷载。

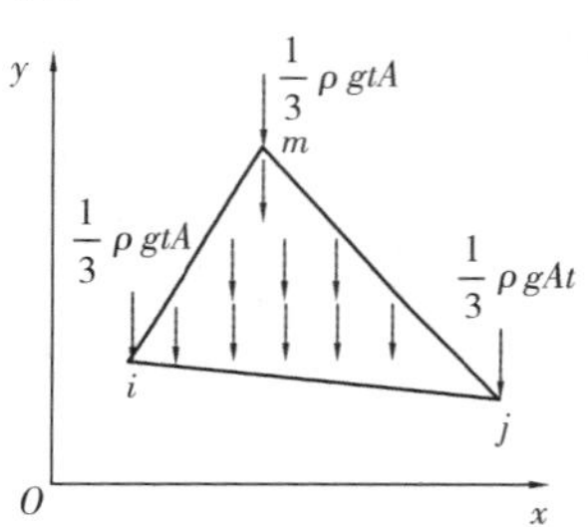

图 2.8 受自重作用

【解】 单元体力及面力分别为

$$\boldsymbol{f} = \begin{Bmatrix} 0 \\ -\rho g \end{Bmatrix} \qquad \text{平面域 } \Omega$$

$$\bar{\boldsymbol{f}} = \boldsymbol{0} \qquad \text{应力边界}$$

参照式(2.18)，由式(2.45)可得

$$\begin{aligned} \boldsymbol{F}_L^e &= \iint_\Omega \boldsymbol{N}^{\mathrm{T}} \begin{Bmatrix} 0 \\ -\rho g \end{Bmatrix} t \mathrm{d}x \mathrm{d}y \\ &= -\rho g t \iint_\Omega [0 \quad N_i \quad 0 \quad N_j \quad 0 \quad N_m]^{\mathrm{T}} \mathrm{d}x \mathrm{d}y \\ &= -\frac{1}{3} \rho g t A [0 \quad 1 \quad 0 \quad 1 \quad 0 \quad 1]^{\mathrm{T}} \end{aligned}$$

结果表明，等效结果相当于将单元总质量平均分配到 3 个结点上。对于常应变三角形单元，可以看出，其结果与采用静力等效平行力法则计算结果相同。

【例 2.2】 如图 2.9 所示的 3 结点三角形单元，在 ij 边界上受 x 方向均布力 q 作用，ij 边界长度为 l，不计体力，求等效结点荷载。

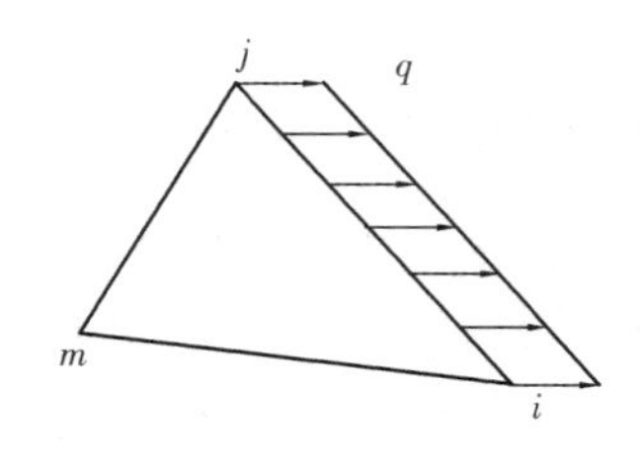

图 2.9 受均布力作用

【解】 单元体力及面力分别为

$$\boldsymbol{f} = \boldsymbol{0} \qquad \text{平面域 } \Omega$$

整体分析的主要任务就是建立 $\boldsymbol{F}_L$ 与 $\boldsymbol{\delta}$ 之间的关系,即整体结构分析方程。

▶ 2.3.1 采用结点平衡建立整体结构分析方程

为说明整体结构各单元之间、单元与荷载、约束之间的关系,以结点 6 为例,分析其结点平衡。图 2.14 为结点 6 的受力关系图。

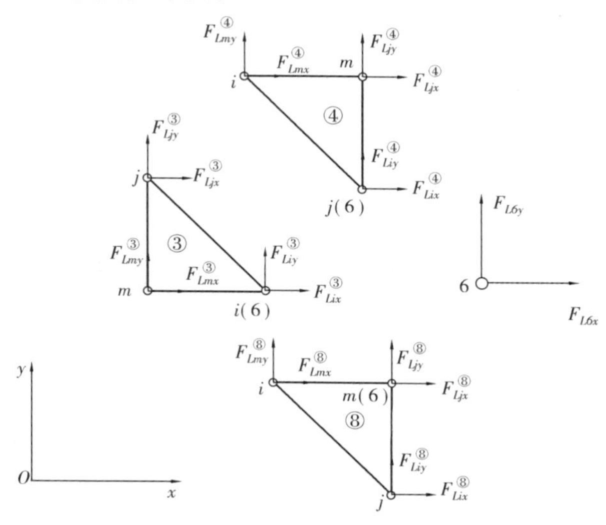

图 2.14 结点 6 受力关系图

结点 6 荷载子列阵为

$$\boldsymbol{F}_{L6} = \begin{Bmatrix} F_{L6x} \\ F_{L6y} \end{Bmatrix}$$

暂不考虑边界约束,则

$$\boldsymbol{F}_{L6} = \boldsymbol{F}_{L6}^{P} + \boldsymbol{F}_{Lj}^{(4)} + \boldsymbol{F}_{Li}^{(3)} + \boldsymbol{F}_{Lm}^{(8)} \tag{2.46}$$

式中 $\boldsymbol{F}_{L6}^{P}$——作用于结点 6 的结点荷载(集中力);

$\boldsymbol{F}_{Li}^{(n)}$——上标 n 表示单元编号,下标 i 表示单元结点编号,为单元 n 产生于结点 6 的等效结点荷载,由式(2.45)计算。

考虑结点 6 的平衡,则得

$$\boldsymbol{F}_{Lj}^{(4)} + \boldsymbol{F}_{Li}^{(3)} + \boldsymbol{F}_{Lm}^{(8)} = \boldsymbol{F}_{L6} \tag{2.47}$$

由式(2.40),单元基本方程可表示为

$$\begin{bmatrix} \boldsymbol{k}_{ii} & \boldsymbol{k}_{ij} & \boldsymbol{k}_{im} \\ \boldsymbol{k}_{ji} & \boldsymbol{k}_{jj} & \boldsymbol{k}_{jm} \\ \boldsymbol{k}_{mi} & \boldsymbol{k}_{mj} & \boldsymbol{k}_{mm} \end{bmatrix} \begin{Bmatrix} \boldsymbol{\delta}_i^e \\ \boldsymbol{\delta}_j^e \\ \boldsymbol{\delta}_m^e \end{Bmatrix} = \begin{Bmatrix} \boldsymbol{F}_{Li}^e \\ \boldsymbol{F}_{Lj}^e \\ \boldsymbol{F}_{Lm}^e \end{Bmatrix} \tag{a}$$

将各单元结点力代入式(2.47),得

$$[\boldsymbol{k}_{ji}^{(4)} \quad \boldsymbol{k}_{jj}^{(4)} \quad \boldsymbol{k}_{jm}^{(4)}] \begin{Bmatrix} \boldsymbol{\delta}_i^{(4)} \\ \boldsymbol{\delta}_j^{(4)} \\ \boldsymbol{\delta}_m^{(4)} \end{Bmatrix} + [\boldsymbol{k}_{ii}^{(3)} \quad \boldsymbol{k}_{ij}^{(3)} \quad \boldsymbol{k}_{im}^{(3)}] \begin{Bmatrix} \boldsymbol{\delta}_i^{(3)} \\ \boldsymbol{\delta}_j^{(3)} \\ \boldsymbol{\delta}_m^{(3)} \end{Bmatrix} + [\boldsymbol{k}_{mi}^{(8)} \quad \boldsymbol{k}_{mj}^{(8)} \quad \boldsymbol{k}_{mm}^{(8)}] \begin{Bmatrix} \boldsymbol{\delta}_i^{(8)} \\ \boldsymbol{\delta}_j^{(8)} \\ \boldsymbol{\delta}_m^{(8)} \end{Bmatrix} = F_{L6} \tag{b}$$

根据表 2.1 整体结点编码和单元结点编码的对应关系，将各单元结点编码转为整体结点编码，即引入整体结点位移，可以得到

$$\begin{bmatrix} \boldsymbol{k}_{ji}^{(4)} & \boldsymbol{k}_{jj}^{(4)} & \boldsymbol{k}_{jm}^{(4)} \end{bmatrix} \begin{Bmatrix} \boldsymbol{\delta}_2 \\ \boldsymbol{\delta}_6 \\ \boldsymbol{\delta}_3 \end{Bmatrix} + \begin{bmatrix} \boldsymbol{k}_{ii}^{(3)} & \boldsymbol{k}_{ij}^{(3)} & \boldsymbol{k}_{im}^{(3)} \end{bmatrix} \begin{Bmatrix} \boldsymbol{\delta}_6 \\ \boldsymbol{\delta}_2 \\ \boldsymbol{\delta}_5 \end{Bmatrix} + \begin{bmatrix} \boldsymbol{k}_{mi}^{(8)} & \boldsymbol{k}_{mj}^{(8)} & \boldsymbol{k}_{mm}^{(8)} \end{bmatrix} \begin{Bmatrix} \boldsymbol{\delta}_5 \\ \boldsymbol{\delta}_9 \\ \boldsymbol{\delta}_6 \end{Bmatrix} = F_{L6} \tag{c}$$

将左端各项进行扩充，则式(c)可写成

$$\begin{aligned}
&\begin{bmatrix} 0 & \boldsymbol{k}_{ji}^{(4)} & \boldsymbol{k}_{jm}^{(4)} & 0 & 0 & \boldsymbol{k}_{jj}^{(4)} & 0 & 0 & 0 \end{bmatrix}\begin{bmatrix} \boldsymbol{\delta}_1 & \boldsymbol{\delta}_2 & \boldsymbol{\delta}_3 & \boldsymbol{\delta}_4 & \boldsymbol{\delta}_5 & \boldsymbol{\delta}_6 & \boldsymbol{\delta}_7 & \boldsymbol{\delta}_8 & \boldsymbol{\delta}_9 \end{bmatrix}^{\mathrm{T}} + \\
&\begin{bmatrix} 0 & \boldsymbol{k}_{ij}^{(3)} & 0 & 0 & \boldsymbol{k}_{im}^{(3)} & \boldsymbol{k}_{ii}^{(3)} & 0 & 0 & 0 \end{bmatrix}\begin{bmatrix} \boldsymbol{\delta}_1 & \boldsymbol{\delta}_2 & \boldsymbol{\delta}_3 & \boldsymbol{\delta}_4 & \boldsymbol{\delta}_5 & \boldsymbol{\delta}_6 & \boldsymbol{\delta}_7 & \boldsymbol{\delta}_8 & \boldsymbol{\delta}_9 \end{bmatrix}^{\mathrm{T}} + \\
&\begin{bmatrix} 0 & 0 & 0 & 0 & \boldsymbol{k}_{mi}^{(8)} & \boldsymbol{k}_{mm}^{(8)} & 0 & 0 & \boldsymbol{k}_{mj}^{(8)} \end{bmatrix}\begin{bmatrix} \boldsymbol{\delta}_1 & \boldsymbol{\delta}_2 & \boldsymbol{\delta}_3 & \boldsymbol{\delta}_4 & \boldsymbol{\delta}_5 & \boldsymbol{\delta}_6 & \boldsymbol{\delta}_7 & \boldsymbol{\delta}_8 & \boldsymbol{\delta}_9 \end{bmatrix}^{\mathrm{T}} \\
&= \begin{bmatrix} 0 & \boldsymbol{k}_{ji}^{(4)} + \boldsymbol{k}_{ij}^{(3)} & \boldsymbol{k}_{jm}^{(4)} & 0 & \boldsymbol{k}_{im}^{(3)} + \boldsymbol{k}_{mi}^{(8)} & \boldsymbol{k}_{jj}^{(4)} + \boldsymbol{k}_{ii}^{(3)} + \boldsymbol{k}_{mm}^{(8)} & 0 & 0 & \boldsymbol{k}_{mj}^{(8)} \end{bmatrix} \\
&\quad \begin{bmatrix} \boldsymbol{\delta}_1 & \boldsymbol{\delta}_2 & \boldsymbol{\delta}_3 & \boldsymbol{\delta}_4 & \boldsymbol{\delta}_5 & \boldsymbol{\delta}_6 & \boldsymbol{\delta}_7 & \boldsymbol{\delta}_8 & \boldsymbol{\delta}_9 \end{bmatrix}^{\mathrm{T}} \\
&= \boldsymbol{F}_{L6}
\end{aligned} \tag{d}$$

记作

$$\begin{bmatrix} \boldsymbol{K}_{61} & \boldsymbol{K}_{62} & \boldsymbol{K}_{63} & \boldsymbol{K}_{64} & \boldsymbol{K}_{65} & \boldsymbol{K}_{66} & \boldsymbol{K}_{67} & \boldsymbol{K}_{68} & \boldsymbol{K}_{69} \end{bmatrix} \begin{Bmatrix} \boldsymbol{\delta}_1 \\ \boldsymbol{\delta}_2 \\ \boldsymbol{\delta}_3 \\ \boldsymbol{\delta}_4 \\ \boldsymbol{\delta}_5 \\ \boldsymbol{\delta}_6 \\ \boldsymbol{\delta}_7 \\ \boldsymbol{\delta}_8 \\ \boldsymbol{\delta}_9 \end{Bmatrix} = \boldsymbol{F}_{L6} \tag{e}$$

式中

$$\begin{aligned}
&\boldsymbol{K}_{61} = 0, \boldsymbol{K}_{62} = \boldsymbol{k}_{ji}^{(4)} + \boldsymbol{k}_{ij}^{(3)}, \boldsymbol{K}_{63} = \boldsymbol{k}_{jm}^{(4)} \\
&\boldsymbol{K}_{64} = 0, \boldsymbol{K}_{65} = \boldsymbol{k}_{im}^{(3)} + \boldsymbol{k}_{mi}^{(8)}, \boldsymbol{K}_{66} = \boldsymbol{k}_{jj}^{(4)} + \boldsymbol{k}_{ii}^{(3)} + \boldsymbol{k}_{mm}^{(8)} \\
&\boldsymbol{K}_{67} = 0, \boldsymbol{K}_{68} = 0, \boldsymbol{K}_{69} = \boldsymbol{k}_{mj}^{(8)}
\end{aligned} \tag{f}$$

为对应于整体结点的包含 2×2 个元素的子块。

同理，对于其他各结点，均可列出类似的平衡方程。将其全部集合起来，可得到整体结构分析方程

$$\boldsymbol{K\delta} = \boldsymbol{F}_L \tag{2.48}$$

式中 $\boldsymbol{K}$——整体刚度矩阵，简称总刚；

$\boldsymbol{\delta}$——整体结点位移列阵；

$\boldsymbol{F}_L$——整体结点荷载列阵。

一般情况下，对于平面问题，若整体结构具有 n 个结点，则总刚 $\boldsymbol{K}$ 为 $n \times n$ 个子块，$2n \times 2n$

阶矩阵。

▶ 2.3.2　整体刚度矩阵和整体结点荷载列阵的装配

由式(2.46)和式(2.47)可知，整体刚度矩阵和整体结点荷载列阵分别由单元刚度矩阵和单元等效结点荷载列阵集成而得到。

对于图2.13所示结构，其整体刚度矩阵和整体结点荷载列阵的集成可由式(2.49)表达

$$\left.\begin{aligned} \boldsymbol{K} &= \sum_{e=1}^{8} \boldsymbol{k}^{e} \\ \boldsymbol{F}_{L} &= \boldsymbol{F}_{L}^{P} + \sum \boldsymbol{F}_{L}^{e} \end{aligned}\right\} \tag{2.49}$$

式中　$\boldsymbol{F}_{L}^{P}$——作用于结点的外力；

$\boldsymbol{F}_{L}^{e}$——各单元计算的结点等效荷载。

将总刚 $\boldsymbol{K}$ 写作对应于结点的分块形式

$$\boldsymbol{K} = \begin{bmatrix} \boldsymbol{K}_{11} & \boldsymbol{K}_{12} & \boldsymbol{K}_{13} & \boldsymbol{K}_{14} & \boldsymbol{K}_{15} & \boldsymbol{K}_{16} & \boldsymbol{K}_{17} & \boldsymbol{K}_{18} & \boldsymbol{K}_{19} \\ \boldsymbol{K}_{21} & \boldsymbol{K}_{22} & \boldsymbol{K}_{23} & \boldsymbol{K}_{24} & \boldsymbol{K}_{25} & \boldsymbol{K}_{26} & \boldsymbol{K}_{27} & \boldsymbol{K}_{28} & \boldsymbol{K}_{29} \\ \boldsymbol{K}_{31} & \boldsymbol{K}_{32} & \boldsymbol{K}_{33} & \boldsymbol{K}_{34} & \boldsymbol{K}_{35} & \boldsymbol{K}_{36} & \boldsymbol{K}_{37} & \boldsymbol{K}_{38} & \boldsymbol{K}_{39} \\ \boldsymbol{K}_{41} & \boldsymbol{K}_{42} & \boldsymbol{K}_{43} & \boldsymbol{K}_{44} & \boldsymbol{K}_{45} & \boldsymbol{K}_{46} & \boldsymbol{K}_{47} & \boldsymbol{K}_{48} & \boldsymbol{K}_{49} \\ \boldsymbol{K}_{51} & \boldsymbol{K}_{52} & \boldsymbol{K}_{53} & \boldsymbol{K}_{54} & \boldsymbol{K}_{55} & \boldsymbol{K}_{56} & \boldsymbol{K}_{57} & \boldsymbol{K}_{58} & \boldsymbol{K}_{59} \\ \boldsymbol{K}_{61} & \boldsymbol{K}_{62} & \boldsymbol{K}_{63} & \boldsymbol{K}_{64} & \boldsymbol{K}_{65} & \boldsymbol{K}_{66} & \boldsymbol{K}_{67} & \boldsymbol{K}_{68} & \boldsymbol{K}_{69} \\ \boldsymbol{K}_{71} & \boldsymbol{K}_{72} & \boldsymbol{K}_{73} & \boldsymbol{K}_{74} & \boldsymbol{K}_{75} & \boldsymbol{K}_{76} & \boldsymbol{K}_{77} & \boldsymbol{K}_{78} & \boldsymbol{K}_{79} \\ \boldsymbol{K}_{81} & \boldsymbol{K}_{82} & \boldsymbol{K}_{83} & \boldsymbol{K}_{84} & \boldsymbol{K}_{85} & \boldsymbol{K}_{86} & \boldsymbol{K}_{87} & \boldsymbol{K}_{88} & \boldsymbol{K}_{89} \\ \boldsymbol{K}_{91} & \boldsymbol{K}_{92} & \boldsymbol{K}_{93} & \boldsymbol{K}_{94} & \boldsymbol{K}_{95} & \boldsymbol{K}_{96} & \boldsymbol{K}_{97} & \boldsymbol{K}_{98} & \boldsymbol{K}_{99} \end{bmatrix} \tag{2.50}$$

整体结构具有9个结点，则总刚 $\boldsymbol{K}$ 为 9×9 个子块，18×18 阶矩阵。

有两种方式可完成式(2.49)的集成：

①采用上述与处理结点6相似的方法，将单刚 $\boldsymbol{k}$ 扩充到总刚 $\boldsymbol{K}$ 的阶数，然后进行叠加，即获得总刚。这一方法由于不便于程序化计算，一般较少采用。

②将每个单刚 $\boldsymbol{k}$ 的各子块按照各结点的整体编码(表2.1)装配在式(2.50)总刚 $\boldsymbol{K}$ 相应的位置。这一做法的物理意义是该单元对总刚的那些刚度系数的贡献。

例如对于图2.13所示结构单元③，其单刚 $\boldsymbol{k}^{(3)}$ 的分块形式为

$$\boldsymbol{k}^{(3)} = \begin{bmatrix} \boldsymbol{k}_{ii}^{(3)} & \boldsymbol{k}_{ij}^{(3)} & \boldsymbol{k}_{im}^{(3)} \\ \boldsymbol{k}_{ji}^{(3)} & \boldsymbol{k}_{jj}^{(3)} & \boldsymbol{k}_{jm}^{(3)} \\ \boldsymbol{k}_{mi}^{(3)} & \boldsymbol{k}_{mj}^{(3)} & \boldsymbol{k}_{mm}^{(3)} \end{bmatrix}$$

由表2.1可知，其结点 i,j,m 对应的整体编码分别为6,2,5，则 $\boldsymbol{k}$ 中各子块装配在总刚 $\boldsymbol{K}$ 相应的位置如下：

$$
\begin{array}{c}
 \\
1 \\ 2 \\ 3 \\ 4 \\ 5 \\ 6 \\ 7 \\ 8 \\ 9
\end{array}
\begin{array}{c}
\begin{array}{ccccccccc}
1 & 2 & 3 & 4 & 5 & 6 & 7 & 8 & 9
\end{array} \\
\left[\begin{array}{ccccccccc}
\vdots & \vdots & \vdots & \vdots & \vdots & \vdots & \vdots & \vdots & \vdots \\
\vdots & \boldsymbol{k}_{jj}^{(3)} & \vdots & \vdots & \boldsymbol{k}_{jm}^{(3)} & \boldsymbol{k}_{ji}^{(3)} & \vdots & \vdots & \vdots \\
\vdots & \vdots & \vdots & \vdots & \vdots & \vdots & \vdots & \vdots & \vdots \\
\vdots & \vdots & \vdots & \vdots & \vdots & \vdots & \vdots & \vdots & \vdots \\
\vdots & \boldsymbol{k}_{mj}^{(3)} & \vdots & \vdots & \boldsymbol{k}_{mm}^{(3)} & \boldsymbol{k}_{mi}^{(3)} & \vdots & \vdots & \vdots \\
\vdots & \boldsymbol{k}_{ij}^{(3)} & \vdots & \vdots & \boldsymbol{k}_{im}^{(3)} & \boldsymbol{k}_{ii}^{(3)} & \vdots & \vdots & \vdots \\
\vdots & \vdots & \vdots & \vdots & \vdots & \vdots & \vdots & \vdots & \vdots \\
\vdots & \vdots & \vdots & \vdots & \vdots & \vdots & \vdots & \vdots & \vdots \\
\vdots & \vdots & \vdots & \vdots & \vdots & \vdots & \vdots & \vdots & \vdots
\end{array}\right]
\end{array}
\tag{g}
$$

依次完成了所有单元的上述装配过程，就形成了整体刚度矩阵。这一装配过程称为“对号入座”。

同理，可完成整体结点荷载列阵 $\boldsymbol{F}_L$ 的装配。其物理意义是各个单元对整体结点荷载列阵的贡献。需要说明的是，边界约束处，相应方向承受未知的支座反力，因此无须进行装配。

对于图 2.13 所示结构单元③的等效结点荷载 $\boldsymbol{F}_L^{(3)}$

$$
\boldsymbol{F}_L^{(3)} = \left[\boldsymbol{F}_{Li}^{(3)} \quad \boldsymbol{F}_{Lj}^{(3)} \quad \boldsymbol{F}_{Lm}^{(3)} \right]^{\mathrm{T}}
$$

各子块安放在 $\boldsymbol{F}_L$ 相应的位置

$$
\left[\cdots \quad \boldsymbol{F}_{Lj}^{(3)} \quad \cdots \quad \cdots \quad \boldsymbol{F}_{Lm}^{(3)} \quad \boldsymbol{F}_{Li}^{(3)} \quad \cdots \quad \cdots \quad \cdots \right]^{\mathrm{T}} \tag{h}
$$

式(i)、式(j)分别为图 2.13 所示结构装配完成后的整体刚度矩阵和整体荷载列阵。

$$
\boldsymbol{F}_L = \begin{Bmatrix} \boldsymbol{F}_{L1} \\ \boldsymbol{F}_{L2} \\ \boldsymbol{F}_{L3} \\ \boldsymbol{F}_{L4} \\ \boldsymbol{F}_{L5} \\ \boldsymbol{F}_{L6} \\ \boldsymbol{F}_{L7} \\ \boldsymbol{F}_{L8} \\ \boldsymbol{F}_{L9} \end{Bmatrix} = \begin{Bmatrix} \boldsymbol{F}_{Lj}^{(1)} + \boldsymbol{F}_{Li}^{(2)} \\ \boldsymbol{F}_{Li}^{(2)} + \boldsymbol{F}_{Lj}^{(3)} + \boldsymbol{F}_{Li}^{(3)} \\ \boldsymbol{F}_{Lm}^{(4)} \\ \boldsymbol{F}_{Lm}^{(1)} + \boldsymbol{F}_{Li}^{(6)} + \boldsymbol{F}_{Lj}^{(5)} \\ \boldsymbol{F}_{Li}^{(1)} + \boldsymbol{F}_{Lj}^{(2)} + \boldsymbol{F}_{Lm}^{(3)} + \boldsymbol{F}_{Li}^{(8)} + \boldsymbol{F}_{Lj}^{(7)} \\ \boldsymbol{F}_{Lj}^{(4)} + \boldsymbol{F}_{Li}^{(3)} + \boldsymbol{F}_{Lm}^{(8)} \\ \boldsymbol{F}_{Lm}^{(5)} \\ \boldsymbol{F}_{Li}^{(5)} + \boldsymbol{F}_{Lj}^{(6)} + \boldsymbol{F}_{Lm}^{(7)} \\ \boldsymbol{F}_{Li}^{(7)} + \boldsymbol{F}_{Lj}^{(8)} \end{Bmatrix} \tag{i}
$$

$$
\boldsymbol{K}=\begin{bmatrix}
\boldsymbol{k}_{ii}^{(2)}+\boldsymbol{k}_{jj}^{(1)} & \boldsymbol{k}_{im}^{(2)} & 0 & \boldsymbol{k}_{jm}^{(1)} & \boldsymbol{k}_{ji}^{(1)}+\boldsymbol{k}_{ij}^{(2)} & 0 & 0 & 0 & 0 \\
\boldsymbol{k}_{mi}^{(2)} & \boldsymbol{k}_{mm}^{(2)}+\boldsymbol{k}_{jj}^{(3)}+\boldsymbol{k}_{ii}^{(4)} & \boldsymbol{k}_{im}^{(4)} & 0 & \boldsymbol{k}_{mj}^{(2)}+\boldsymbol{k}_{jm}^{(3)} & \boldsymbol{k}_{ji}^{(3)}+\boldsymbol{k}_{ij}^{(4)} & 0 & 0 & 0 \\
0 & \boldsymbol{k}_{mi}^{(4)} & \boldsymbol{k}_{mm}^{(4)} & 0 & 0 & \boldsymbol{k}_{mj}^{(4)} & 0 & 0 & 0 \\
\boldsymbol{k}_{mj}^{(1)} & 0 & 0 & \boldsymbol{k}_{mm}^{(1)}+\boldsymbol{k}_{jj}^{(5)}+\boldsymbol{k}_{ii}^{(6)} & \boldsymbol{k}_{mi}^{(1)}+\boldsymbol{k}_{im}^{(6)} & 0 & \boldsymbol{k}_{jm}^{(5)} & \boldsymbol{k}_{ji}^{(5)}+\boldsymbol{k}_{ij}^{(6)} & 0 \\
\boldsymbol{k}_{ij}^{(1)}+\boldsymbol{k}_{ji}^{(2)} & \boldsymbol{k}_{jm}^{(2)}+\boldsymbol{k}_{mj}^{(3)} & 0 & \boldsymbol{k}_{im}^{(1)}+\boldsymbol{k}_{im}^{(6)} & \boldsymbol{k}_{ii}^{(1)}+\boldsymbol{k}_{jj}^{(2)}+\boldsymbol{k}_{mm}^{(3)}+\boldsymbol{k}_{mm}^{(6)}+\boldsymbol{k}_{jj}^{(7)}+\boldsymbol{k}_{ii}^{(8)} & \boldsymbol{k}_{mi}^{(3)}+\boldsymbol{k}_{im}^{(8)} & 0 & \boldsymbol{k}_{mj}^{(6)}+\boldsymbol{k}_{jm}^{(7)} & \boldsymbol{k}_{ji}^{(7)}+\boldsymbol{k}_{ij}^{(8)} \\
0 & \boldsymbol{k}_{ij}^{(3)}+\boldsymbol{k}_{ji}^{(2)} & \boldsymbol{k}_{jm}^{(4)} & 0 & \boldsymbol{k}_{im}^{(1)}+\boldsymbol{k}_{mi}^{(8)} & \boldsymbol{k}_{ii}^{(3)}+\boldsymbol{k}_{jj}^{(4)}+\boldsymbol{k}_{mm}^{(8)} & 0 & 0 & \boldsymbol{k}_{mj}^{(8)} \\
0 & 0 & 0 & \boldsymbol{k}_{mj}^{(5)} & 0 & 0 & \boldsymbol{k}_{mm}^{(5)} & \boldsymbol{k}_{mi}^{(5)} & 0 \\
0 & 0 & 0 & \boldsymbol{k}_{ij}^{(5)}+\boldsymbol{k}_{ji}^{(6)} & \boldsymbol{k}_{jm}^{(6)}+\boldsymbol{k}_{mj}^{(7)} & 0 & \boldsymbol{k}_{im}^{(5)} & \boldsymbol{k}_{ii}^{(5)}+\boldsymbol{k}_{jj}^{(6)}+\boldsymbol{k}_{mm}^{(7)} & \boldsymbol{k}_{mi}^{(7)} \\
0 & 0 & 0 & 0 & \boldsymbol{k}_{ij}^{(7)}+\boldsymbol{k}_{ji}^{(8)} & \boldsymbol{k}_{jm}^{(8)} & 0 & \boldsymbol{k}_{im}^{(7)} & \boldsymbol{k}_{ii}^{(7)}+\boldsymbol{k}_{jj}^{(8)}
\end{bmatrix} \tag{j}
$$

▶ 2.3.3 利用最小势能原理建立有限元整体分析方程

设弹性体划分为 m 个单元,任取其中一个单元 j,由式(2.33)可得,该单元的应变能为

$$U^j = \frac{1}{2}(\boldsymbol{\delta}^j)^{\mathrm{T}}\boldsymbol{k}^j\boldsymbol{\delta}^j$$

由于应变能是标量,将全部单元的应变能进行叠加,即可得到整个结构的总应变能

$$U = \sum_{j=1}^{m} U^j \tag{2.51}$$

令

$$\boldsymbol{s} = \begin{Bmatrix} \boldsymbol{\delta}^1 \\ \boldsymbol{\delta}^2 \\ \vdots \\ \boldsymbol{\delta}^m \end{Bmatrix} \tag{2.52}$$

$$\boldsymbol{k}_s = \begin{bmatrix} \boldsymbol{k}^1 & & & & & 0 \\ & \ddots & & & & \\ & & \boldsymbol{k}^i & & & \\ & & & \boldsymbol{k}^{i+1} & & \\ & 0 & & & \ddots & \\ & & & & & \boldsymbol{k}^m \end{bmatrix} \tag{2.53}$$

$\boldsymbol{s}$ 是把单元的结点位移 $\boldsymbol{\delta}^1,\boldsymbol{\delta}^2,\cdots$顺序排列出来,相同的项并未归并。$\boldsymbol{k}_s$ 是未经集合的整体刚度矩阵,即把各单元刚度矩阵 $\boldsymbol{k}^1,\boldsymbol{k}^2,\cdots,\boldsymbol{k}^m$ 作为主对角线上的子矩阵列入,其余子矩阵为零。于是,式(2.51)可写作

$$U = \frac{1}{2}\boldsymbol{s}^{\mathrm{T}}\boldsymbol{k}_s\boldsymbol{s} \tag{2.54}$$

将整个结构结点位移列阵 $\boldsymbol{\delta}$ 与列阵 $\boldsymbol{s}$ 之间的转换关系记为

$$\boldsymbol{s} = \boldsymbol{A}\boldsymbol{\delta} \tag{2.55}$$

式中 $\boldsymbol{A}$——转换矩阵。

把式(2.55)代入式(2.54),令

$$\boldsymbol{K} = \boldsymbol{A}^{\mathrm{T}}\boldsymbol{k}_s\boldsymbol{A} \tag{2.56}$$

整理,可得到

$$U = \frac{1}{2}\boldsymbol{\delta}^{\mathrm{T}}\boldsymbol{K}\boldsymbol{\delta} \tag{2.57}$$

式中 $\boldsymbol{K}$——结构的整体刚度矩阵。

由于整体结点荷载 $\boldsymbol{F}_L$ 都作用于结点上,所以荷载在变形过程中所做功 W 为

$$W = \boldsymbol{\delta}^{\mathrm{T}}\boldsymbol{F}_L \tag{2.58}$$

由第2.2.5节可知结构的总势能为

$$\Pi_s = U + V = U - W$$

将式(2.52)和式(2.54)代入上式,得到

$$\Pi_s = \frac{1}{2}\boldsymbol{\delta}^T\boldsymbol{K}\boldsymbol{\delta} - \boldsymbol{\delta}^T\boldsymbol{F}_L \tag{2.59}$$

由最小势能原理,有

$$\frac{\partial \Pi}{\partial \boldsymbol{\delta}} = 0 \tag{2.60}$$

故得到

$$\boldsymbol{K}\boldsymbol{\delta} = \boldsymbol{F}_L \tag{2.61}$$

可以看出,由最小势能原理得到的方程组(2.61)与由结点平衡条件得到的方程组(2.48)是完全相同的。

▶ 2.3.4 位移解的下限性质

以位移为基本未知量,并基于最小势能原理建立的有限元称为位移元。通过系统总势能的变分过程,可以分析位移元的近似解与精确解偏离的下限性质。

将式(2.61)代入式(2.59)得到

$$\Pi_s = \frac{1}{2}\boldsymbol{\delta}^T\boldsymbol{K}\boldsymbol{\delta} - \boldsymbol{\delta}^T\boldsymbol{K}\boldsymbol{\delta} = -\frac{1}{2}\boldsymbol{\delta}^T\boldsymbol{K}\boldsymbol{\delta} = -U \tag{k}$$

在平衡条件下,系统总势能等于负的应变能。

在有限元解中,由于假定的近似位移模式一般来说总是与精确解有差别,根据最小势能原理,其真实解使总势能取最小值。因此有限元解得到的系统总势能总会比真实解的总势能要大。

将有限元解的总势能、应变能、刚度矩阵和结点位移分别用 $\tilde{\Pi}_p$,$\tilde{U}$,$\tilde{\boldsymbol{K}}$,$\tilde{\boldsymbol{\delta}}$ 表示,相应精确解的有关量用 Π_p,U,$\boldsymbol{K}$,$\boldsymbol{\delta}$ 表示。

由于 $\tilde{\Pi}_p \geqslant \Pi_p$,由式(k)有 $\tilde{U} \leqslant U$,即

$$-\tilde{\boldsymbol{\delta}}^T\tilde{\boldsymbol{K}}\tilde{\boldsymbol{\delta}} \leqslant -\boldsymbol{\delta}^T\boldsymbol{K}\boldsymbol{\delta} \tag{l}$$

对于精确解,有

$$\boldsymbol{K}\boldsymbol{\delta} = \boldsymbol{F}_L \tag{m}$$

对于近似解,有

$$\tilde{\boldsymbol{K}}\tilde{\boldsymbol{\delta}} = \boldsymbol{F}_L \tag{n}$$

代入式(l)得到

$$\tilde{\boldsymbol{\delta}}^T\boldsymbol{F}_L \leqslant \boldsymbol{\delta}^T\boldsymbol{F}_L \tag{o}$$

因此

$$\tilde{\boldsymbol{\delta}} \leqslant \boldsymbol{\delta}^T \tag{p}$$

式(p)表明,位移有限元得到的位移解总体上不大于精确解,即解具有下限性质。

位移解下限的性质可以做如下解释:单元原是连续体的一部分,具有无限多个自由度。在假定了单元的位移函数后,自由度限制为只有以结点位移表示的有限自由度,即位移函数对单元的变形进行了约束和限制,使单元的刚度较实际连续体加强了,因此连续体的整体刚

度随之增加,离散后的 $\hat{K}$ 较实际的 K 为大,因此求得的位移近似解总体上(而不是每一点)将小于精确解。

而以应力作为基本未知量,按照最小余能原理求解时,单元的计算刚度小于实际刚度,因而位移解将大于或等于精确解,具有上限性质。对此可解释为:按照最小余能原理求解时,在相邻单元的公共边界上,应力是平衡的,但位移是不连续的,计算模型的变形能力增加了,比真实物体更加柔软,因而具有上限性质。

当采用杂交单元求解时,不能肯定所得到的位移近似解是大于还是小于精确解。大体说来,其数值是介于按照最小势能原理求解与按照最小余能原理求解所得到的两种结果之间。

对于工程应用来说,重要的是应弄清楚在合理单元划分的典型问题中所能达到精度的阶次。在任何情况下,可以通过比较已知的精确解或者通过两种或多种更细的单元划分来研究误差的收敛性。

随着经验的积累,对于一个指定问题,工程师能够事先估计出所使用的单元划分可得到近似值的阶次。对于应力计算误差和精确解的评估可参考其他文献。

▶ 2.3.5 整体刚度矩阵的性质

由前面的讨论可知,总刚 K 是由单元刚度矩阵装配而成,它与单元刚度矩阵类同,也具有明显的物理意义。以位移为未知量的有限元的求解过程是结构离散后每个结点的平衡方程,换言之,有限元解在每个结点上是满足平衡条件的。

总刚 K 的任意元素 K_{ij} 的物理意义是:使得整体结构结点位移列阵中第 j 个广义位移取单位值,而其他结点位移皆为零时,需在整体结构结点位移列阵中第 i 个广义位移方向上施加的广义结点力。

总刚 K 具备以下主要性质:

(1)对称性

整体刚度矩阵是由对称的单元刚度矩阵装配而成的,其具有对称性。因此,通常只需三角状半阵存储与计算即可。

(2)奇异性

在式(2.48)中,总刚 K 具有奇异性。实际上,由式(2.49)装配而成的整体结点荷载列阵 F_L 由于约束反力的存在,整体结点荷载列阵并非完全为已知的。通过引入位移边界条件,对总刚和整体结点荷载列阵进行修正,可消除其奇异性。

(3)稀疏性

从平衡方程(2.47)可以看出,每个结点的等效结点荷载只与环绕该结点的单元有关,即只有环绕该结点的单元对该结点刚度具有贡献,这些单元称为相关单元。虽然总体结点数很多,但是每个结点的相关单元很少,这导致总刚中只有很少的非零元素,即稀疏性。

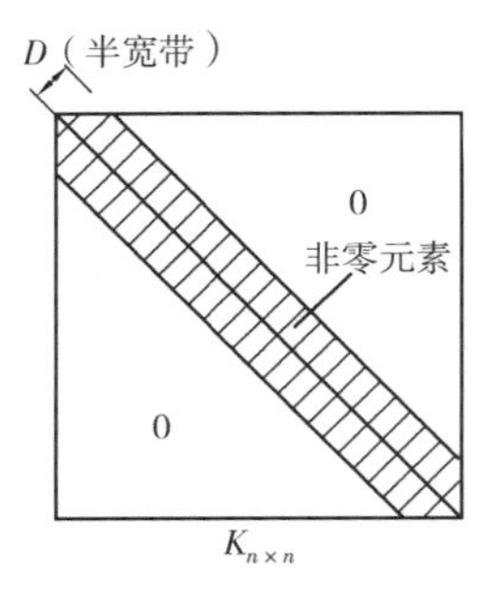

图2.15 非零因素带状分布

(4)非零元素带状分布

非零元素集中在主对角线两侧。在进行结点编码时,原则上应使相邻结点之间编码的差值尽可能小,这样得到的刚度矩阵带宽就较小。利用这个性质以及对称性，采用恰当的算法，只需按半带宽进行存储即可(图2.15)，这样可以极大节省计算机存储空间。

▶ 2.3.6 位移边界条件处理

第2.3.2节已建立了以结点位移参数为基本未知量离散体结构分析方程(2.48)，该方程是采用有限单元法求解结构弹性问题的基本方程。现在首先考察求解结构弹性问题的解答。

在建立离散结构分析方程的过程中，采用了几何方程、物理方程和最小势能原理。研究表明，应用最小势能原理等价于采用弹性力学基本方程中的平衡微分方程和应力边界条件。这表明，求解结构弹性问题的定解条件(第1.5.5节)中，位移边界条件尚未得到满足，因此应当处理位移边界条件。

另一方面，为消除总刚 $\boldsymbol{K}$ 的奇异性，亦需要引入位移边界条件，对总刚和整体结点荷载列阵进行修正。

常见位移边界条件一般分为两种，即固定约束边界条件(刚性边界条件)和已知位移边界(非零边界条件)。本书仅针对固定约束边界条件讲述。

处理位移边界条件通常采用两种方法，即主元改1法和主元乘大数法。本节仍以图2.13所示结构为例，说明其使用其方法。

(1)主元改1法

在结构分析方程(2.48)中，如果已知与第 i 个方程对应的广义结点位移(即整体结点荷载列阵第 i 个广义结点位移参数)为零，则将整体刚度矩阵 $\boldsymbol{K}$ 中该行主对角元素 K_{ii} 改为1，该主元所在的行和列的其他均元素改为0；同时，将整体荷载列阵 $\boldsymbol{F}_L$ 中对应的元素改为0。

由图2.13可知，整体结构位移边界条件为

$$\begin{aligned} &u_1 = u_3 = u_4 = u_6 = u_7 = u_9 = 0 \\ &v_1 = v_6 = v_9 = 0 \end{aligned} \tag{q}$$

以 $u_4 = 0$ 为例，说明其具体方法。对整体刚度矩阵 $\boldsymbol{K}$ 和整体荷载列阵 $\boldsymbol{F}_L$ 作如下修改

$$\text{第7行}\begin{bmatrix} K_{11} & K_{12} & \cdots & 0 & K_{18} & \cdots & K_{1-17} & K_{1-18} \\ K_{21} & K_{22} & \cdots & 0 & K_{28} & \cdots & K_{2-17} & K_{2-18} \\ \vdots & \vdots & \cdots & 0 & \vdots & \cdots & \vdots & \vdots \\ 0 & 0 & \cdots & 1 & 0 & \cdots & 0 & 0 \\ K_{81} & K_{82} & \cdots & 0 & K_{88} & \cdots & K_{8-17} & K_{8-18} \\ \vdots & \vdots & \cdots & 0 & \vdots & \cdots & \vdots & \vdots \\ K_{17-1} & K_{17-2} & \cdots & 0 & K_{17-8} & \cdots & K_{17-17} & K_{17-18} \\ K_{18-1} & K_{18-2} & \cdots & 0 & K_{18-8} & \cdots & K_{18-17} & K_{18-18} \end{bmatrix}^{\text{第7列}} \begin{Bmatrix} u_1 \\ v_1 \\ \vdots \\ u_4 \\ v_4 \\ \vdots \\ u_9 \\ v_9 \end{Bmatrix} = \begin{Bmatrix} F_{L1x} \\ F_{L1y} \\ \vdots \\ 0 \\ F_{L4y} \\ \vdots \\ F_{L9x} \\ F_{L9y} \end{Bmatrix} \tag{r}$$

考察方程组(r)第7式，可以得到 $u_4 = 0$ 的结果。对式(q)中其他位移边界条件均做类似处理，即可满足全部位移边界条件。

(2)主元乘大数法

在结构分析方程(2.48)中，如果已知与第 i 个方程对应的广义结点位移，则将整体刚度

矩阵 $\boldsymbol{K}$ 中该行主元素 K_{ii} 乘上一个大数(通常大于 10^{10}),其他元素不变;同时,将荷载列阵 $\boldsymbol{F}_L$ 中对应的元素改为该为 0。

仍以式(q)的边界条件中 $u_4=0$ 为例,对整体刚度矩阵 $\boldsymbol{K}$ 和整体荷载列阵 $\boldsymbol{F}_L$ 作如下修改

$$\text{第 7 行}\begin{bmatrix} K_{11} & K_{12} & \cdots & \overset{\text{第 7 列}}{K_{17}} & K_{18} & \cdots & K_{1-17} & K_{1-18} \\ K_{21} & K_{22} & \cdots & K_{27} & K_{28} & \cdots & K_{2-17} & K_{2-18} \\ \vdots & \vdots & \cdots & \vdots & \vdots & \cdots & \vdots & \vdots \\ K_{71} & K_{72} & \cdots & K_{77}\times 10^{10} & K_{78} & \cdots & K_{7-17} & K_{7-18} \\ K_{81} & K_{82} & \cdots & K_{87} & K_{88} & \cdots & K_{8-17} & K_{8-18} \\ \vdots & \vdots & \cdots & \vdots & \vdots & \cdots & \vdots & \vdots \\ K_{17-1} & K_{17-2} & \cdots & K_{17-7} & K_{17-8} & \cdots & K_{17-17} & K_{17-18} \\ K_{18-1} & K_{18-2} & \cdots & K_{18-7} & K_{18-8} & \cdots & K_{18-17} & K_{18-18} \end{bmatrix}\begin{Bmatrix} u_1 \\ v_1 \\ \vdots \\ u_4 \\ v_4 \\ \vdots \\ u_9 \\ v_9 \end{Bmatrix}=\begin{Bmatrix} F_{L1x} \\ F_{L1y} \\ \vdots \\ 0 \\ F_{L4y} \\ \vdots \\ F_{L9x} \\ F_{L9y} \end{Bmatrix} \tag{s}$$

考察方程(s)第 7 式

$$K_{71}u_1+K_{72}v_1+\cdots+K_{76}v_3+K_{77}\times 10^{10}u_4+K_{78}v_4+\cdots+K_{7-17}u_9+K_{7-18}v_9=0$$

由于上式中其他元素比之于主元素 $K_{77}\times 10^{15}$ 皆为高阶微量,可以略去。因此,上式仍然可以得到 $u_4=0$ 的结果。

完成了对整体刚度矩阵和整体荷载列阵的修正,可以得到修正后的整体分析方程

$$\overline{\boldsymbol{K}}\boldsymbol{\delta}=\overline{\boldsymbol{F}}_L \tag{2.62}$$

式中 $\overline{\boldsymbol{K}}$,$\overline{\boldsymbol{F}}_L$——分别为修正后的整体刚度矩阵和整体荷载列阵。

此时,$\overline{\boldsymbol{K}}$ 为正定阵,$\overline{\boldsymbol{F}}_L$ 全部为已知量。

解方程组(2.62),可以得到整体结构位移结点 $\boldsymbol{\delta}$,进而通过式(2.14)和式(2.23),可分别求出各单元的位移和应力,从而对结构进行变形与受力分析。

2.4 有限单元法求解问题的主要步骤

本节对有限单元法求解弹性力学问题主要的步骤进行了概括,并提出了求解问题过程中应注意的几个问题。

▶ 2.4.1 主要步骤

(1)弹性体结构离散化,建立整体结构计算模型

①选择单元对连续体进行划分,包括选择单元类型(几何形式,性质),结点性质、个数等。

②对荷载与位移边界进行离散。

③对单元和结点分别进行整体编码,确定全部结点的位置;确定整体结构基本未知量 $\boldsymbol{\delta}$(自由度)。

④对单元结点进行局部编码,并确定其与整体编码的对应关系。

(2)单元分析,建立单元基本方程

①设置单元位移模式,并讨论其收敛性。

②导出位移插值函数 $\boldsymbol{u}=\boldsymbol{N}\boldsymbol{\delta}^e$,并构造形函数 $\boldsymbol{N}$。

③利用几何方程,导出应变表达式 $\boldsymbol{\varepsilon}=\boldsymbol{B}\boldsymbol{\delta}^e$;利用物理方程,导出应力表达式 $\boldsymbol{\sigma}=\boldsymbol{D}\boldsymbol{\varepsilon}=\boldsymbol{D}\boldsymbol{B}\boldsymbol{\delta}^e$。

④利用最小势能原理,建立单元的基本方程 $\boldsymbol{k}\boldsymbol{\delta}^e=\boldsymbol{F}^e$,导出单元刚度矩阵 $\boldsymbol{k}=\iiint_V \boldsymbol{B}^{\mathrm{T}}\boldsymbol{D}\boldsymbol{B}\mathrm{d}V$。

⑤计算单元非结点荷载的单元等效结点荷载 $\boldsymbol{F}_L^e$。

(3)整体分析,建立整体结构分析方程

①利用最小势能原理,建立整体结构分析方程 $\boldsymbol{K}\boldsymbol{\delta}=\boldsymbol{F}_L$。

②装配整体刚度矩阵 $\boldsymbol{K}$ 和整体结点荷载列阵 $\boldsymbol{F}_L$。

③引入位移边界条件,修正整体刚度矩阵 $\boldsymbol{K}$ 和整体结点荷载列阵 $\boldsymbol{F}_L$。

④求解修正后结构分析方程方程组,得到整体结点位移列阵 $\boldsymbol{\delta}$。

(4)计算结果与分析

①由解出的 $\boldsymbol{\delta}$,通过 $\boldsymbol{u}=\boldsymbol{N}\boldsymbol{\delta}^e$ 和 $\boldsymbol{\sigma}=\boldsymbol{D}\boldsymbol{\varepsilon}=\boldsymbol{D}\boldsymbol{B}\boldsymbol{\delta}^e$,求出各单元内任一点的位移和应力。

②根据所求问题,进行变形与应力分析。

③整理计算结果,形成图表等输出格式(后处理)。

► 2.4.2 应注意的几个问题

为了提高有限元计算的效率,以下几方面应受到重视。

(1)计算方案

对于所计算的工程问题,虽然在理论上任何物体都可看作三维体,但对实际分析来说,许多情况下应尽量根据分析目的简化问题。因此,在进行有限元分析时,首先应综合分析目的和研究对象的特点,确定所研究问题所属的类型,如平面问题、空间问题、轴对称问题或杆系问题等。这种确定是基于求解该具体问题的弹性数学模型所使用的理论假设。通常,结构分析中所遇到的问题可以归纳为如下几类:

①杆/桁架。

②梁。

③平面应力。

④平面应变。

⑤轴对称。

⑥板弯曲。

⑦薄壳。

⑧厚壳。

⑨一般三维体。

如分析不当就可能把复杂的问题过于简化,使许多应当考虑的因素没有考虑到;或者把简单的问题处理得过于复杂,没有略去本该简化的次要因素。

若计算方案不当,将直接影响计算工作量和计算精度,属于首要问题。

(2)单元选择

计算方案确定以后就可以确定选用哪一类单元,例如在结构分析领域中,常见的单元包含杆单元、梁单元、平面单元、板壳单元、实体单元以及其他特定单元等。在同一类单元内,还存在着选用哪种形式的单元的问题。例如,在平面应力问题中,选用三角形单元、矩形单元还是相应的曲边形单元等。甚至同一问题,根据分析目的的不同,可能采用在结构分析、构件分析和结点分析中,选用不同类型、不同阶次的单元。

对于同一问题,究竟选用什么单元最好(精度高、收敛快、计算量少),并没有一个成熟的方法,只能根据计算者对单元性质的理解和计算经验,针对具体问题予以选用,有时尚需进行试算。

(3)结点的选择及单元的划分

结点的布置与单元的划分相互关联。通常,集中荷载的作用点、分布荷载强度的突变点、分布荷载与自由边界的分界点、支承点等都应该作为结点。并且,当物体是由不同的材料组成时,厚度不同或材料不同的部分,也宜划分为不同的单元。

结点的多少及其分布的疏密程度,一般要根据所要求的计算精度、应力梯度、质量分布等来综合考虑。从计算结果的精度上讲,单元越小越好,但计算所需要的时间也会大大增加。往往计算机的硬件对计算规模也有限制。因此,在保证计算精度的前提下,应尽可能采用较少的单元。为了减少单元,在进行静力分析时,划分单元应考虑应力梯度较大的部位单元可以划分得细一些,而在应力变化比较平缓的区域可以划分得粗一些。

控制单元的规则性,避免过多的畸形单元,对计算误差也有重要意义。

(4)结点编号

结点编号,应尽量使同一单元的相邻结点的号码差尽可能地小,以便最大限度地缩小刚度矩阵的带宽,节省存储、提高计算效率。如前所述,平面问题的半带宽为

$$B = 2(d + 1)$$

若采取带宽压缩存储,则整体刚度矩阵的存储量 N 最多为

$$N = 2nB = 4n(d + 1)$$

式中 d——相邻结点的最大插值;

n——结点总数。

如图 2.16 所示,图(a)与图(b)的单元划分相同,且结点总数都等于 14,但两者的结点编号方式不同。图(a)是按长边编号,$d = 7$,$N = 488$;而图(b)是按短边进行编号,$d = 2$,$N = 168$。图(b)的编号方式可比图(a)的编号方式节省 280 个存储单元。

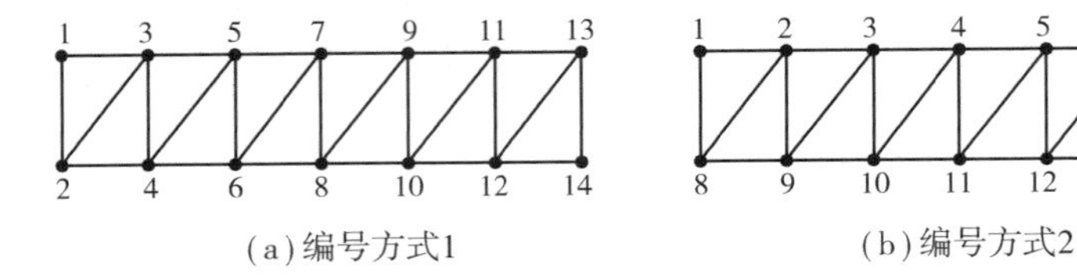

(a)编号方式1　　(b)编号方式2

图 2.16　结点编码方式的比较

(5)单元结点 i,j,m 的次序

在三角形单元中,为了在计算中保证单元的面积 A 不会出现负值,结点 i,j,m 的编号次序必须是逆时针方向。实际上,结点 i,j,m 的编号是可以任意安排的,只要在计算刚度矩阵的各

$$\left.\begin{aligned}\frac{\partial}{\partial x}&=\frac{\partial L_i}{\partial x}\frac{\partial}{\partial L_i}+\frac{\partial L_j}{\partial x}\frac{\partial}{\partial L_j}+\frac{\partial L_m}{\partial x}\frac{\partial}{\partial L_m}\\&=\frac{\beta_i}{2A}\frac{\partial}{\partial L_i}+\frac{\beta_j}{2A}\frac{\partial}{\partial L_j}+\frac{\beta_m}{2A}\frac{\partial}{\partial L_m}\\\frac{\partial}{\partial y}&=\frac{\partial L_i}{\partial y}\frac{\partial}{\partial L_i}+\frac{\partial L_j}{\partial y}\frac{\partial}{\partial L_j}+\frac{\partial L_m}{\partial y}\frac{\partial}{\partial L_m}\\&=\frac{\gamma_i}{2A}\frac{\partial}{\partial L_i}+\frac{\gamma_j}{2A}\frac{\partial}{\partial L_j}+\frac{\gamma_m}{2A}\frac{\partial}{\partial L_m}\end{aligned}\right\}\tag{3.9}$$

面积坐标的积分运算，可采用下列积分公式

$$\int_A L_i^{\alpha}L_j^{\beta}L_m^{\gamma}\mathrm{d}A=\frac{\alpha!\beta!\gamma!}{(\alpha+\beta+\gamma+2)!}\cdot 2A\tag{3.10}$$

面积坐标在三角形某一边上的积分时,可采用下列积分公式

$$\int_l L_1^{\alpha}L_2^{\beta}\mathrm{d}s=\frac{\alpha!\beta!}{(\alpha+\beta+1)!}\times l\qquad(L_1,L_2,L_3)\tag{3.11}$$

应用面积坐标可较为简单地构造高阶三角形单元的形函数。

▶ 3.2.2 6结点三角形单元(二次单元)

如图3.3所示为6结点三角形平面单元,除三角形角点以外,3条边的中点各设置一个结点。

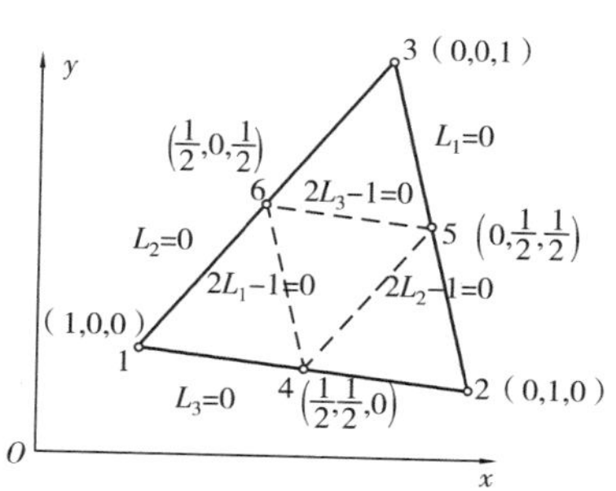

图3.3　6结点三角形平面单元

单元结点位移列阵为

$$\boldsymbol{\delta}^e=\begin{Bmatrix}\boldsymbol{\delta}_1^e\\\boldsymbol{\delta}_2^e\\\vdots\\\boldsymbol{\delta}_6^e\end{Bmatrix}\tag{3.12}$$

式中

$$\boldsymbol{\delta}_i^e=\begin{Bmatrix}u_i\\v_i\end{Bmatrix}\quad(i=1,2,\cdots,6)\tag{3.13}$$

单元结点力列阵为

$$\boldsymbol{F}^e = \begin{Bmatrix} \boldsymbol{F}_1^e \\ \boldsymbol{F}_2^e \\ \vdots \\ \boldsymbol{F}_6^e \end{Bmatrix} \tag{3.14}$$

式中

$$\boldsymbol{F}_i^e = \begin{Bmatrix} \boldsymbol{F}_{ix}^e \\ \boldsymbol{F}_{iy}^e \end{Bmatrix} \quad (i = 1,2,\cdots,6) \tag{3.15}$$

(1)单元位移模式及其收敛性

单元具有6个结点,12个自由度,参照图3.1所示Pascal三角形,单元位移模式设置为完全二次多项式,包含12个待定常数:

$$\left.\begin{aligned} u &= a_1 + a_2x + a_3y + a_4xy + a_5x^2 + a_6y^2 \\ v &= a_7 + a_8x + a_9y + a_{10}xy + a_{11}x^2 + a_{12}y^2 \end{aligned}\right\} \tag{3.16}$$

式(3.14)包含完全一次多项式,因此,单元的完备性得到满足,下面考察其连续性。

图3.4所示,两个相邻的6结点三角形单元,结点2,5,3连线为其公共边界。对于单元①,位移模式(3.16),使得单元位移函数在公共边界上为坐标的二次函数,且由结点2,5,3确定的二次函数是唯一的。同理单元②的位移函数在公共边界亦为由结点2,5,3唯一确定的二次函数,于是,在弹性体变形过程中相邻单元公共边界上位移始终保持协调,因此,由式(3.16)所确定位移函数的单元为完备协调单元。

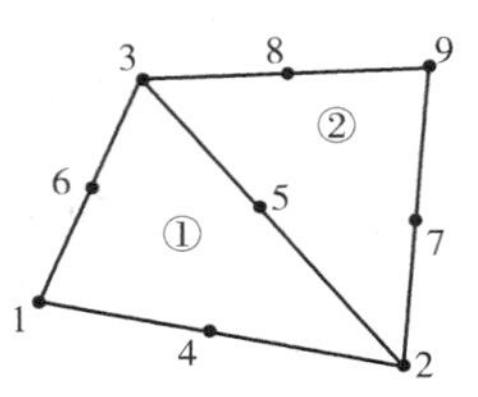

图3.4 相邻单元的连续性

(2)构造形函数

利用形函数的性质直接构造单元插值函数。

单元位移插值函数为

$$\left.\begin{aligned} u &= \sum_{i=1}^{6} N_i u_i \\ v &= \sum_{i=1}^{6} N_i v_i \end{aligned}\right\} \tag{3.17}$$

分别考察 N_1 和 N_4 的构造。

根据形函数性质(1)(见2.2.3节),设

$$N_1 = c\left(L_1 - \frac{1}{2}\right)(L_1 - 0)$$

如图3.3所示,式中包含了通过结点4,6的直线方程 $L_1 - \frac{1}{2} = 0$ 与通过结点2,5,3的直线方程 $L_1 = 0$,因而,$(N_1)|_{2,3,4,5,6} = 0$。由 $(N_1)|_1 = 1$,得到 $c = 2$。代入上式可得

$$N_1 = \frac{L_1 - \frac{1}{2}}{\frac{1}{2}} \cdot \frac{L_1}{1} = (2L_1 - 1)L_1$$

同理,可得到 N_2 和 N_3:

$$N_2 = (2L_2 - 1)L_2$$
$$N_3 = (2L_3 - 1)L_3$$

对于结点 4,设

$$N_4 = cL_1L_2$$

同样,根据形函数性质(1),可得到 $c=4$,因此

$$N_4 = \frac{L_1}{\frac{1}{2}} \cdot \frac{L_2}{\frac{1}{2}} = 4L_1L_2$$

同理,可得到 N_5 和 N_6:

$$N_5 = 4L_2L_3$$
$$N_6 = 4L_3L_1$$

写成统一格式:

$$\text{对角结点:} N_1 = (2L_1 - 1)L_1 \qquad (1,2,3)$$
$$\text{边结点:} N_4 = 4L_1L_2 \qquad (4,5,6;1,2,3) \tag{3.18}$$

可以证明,式(3.18)满足根据形函数性质(2),即

$$\sum N_i = 1$$

为叙述方便,形象地将上述直接构造单元形函数的方法称为划线法。实际上,可以利用划线法可直接构造 3 结点三角形单元(一次单元)的形函数,即

$$N_i = L_i \qquad (i = 1,2,3)$$

结果与式(2.11)完全相同。

(3)单元刚度矩阵

单元基本方程应用最小势能原理建立,其过程与第 2.2.6 节讨论完全相同。由式(2.37)有

$$\boldsymbol{k\delta}^e = \boldsymbol{F}^e$$

由于形函数 N_i 是面积坐标 L_1, L_2, L_3 的函数,单元刚度矩阵 $\boldsymbol{k}$ 参照式(2.38)应写作

$$\boldsymbol{k} = t\iint_A \boldsymbol{B}^{\mathrm{T}}\boldsymbol{DB}\,\mathrm{d}x\mathrm{d}y \tag{3.19}$$

式(3.19)的计算参照面积坐标积分公式(3.10)。

(4)单元等效结点荷载

单元等效结点荷载可参照(2.45)写作

$$\boldsymbol{F}_L^e = t\iint_\Omega \boldsymbol{N}^{\mathrm{T}}\boldsymbol{f}\,\mathrm{d}S + t\int_{S_\sigma} \boldsymbol{N}^{\mathrm{T}}\bar{\boldsymbol{f}}\,\mathrm{d}s \tag{3.20}$$

式(3.20)可按照面积坐标积分公式(3.10)和式(3.11)计算。

【例 3.1】 均质平板,厚度为 t,容重 ρg,重力作用方向沿 y 轴负方向。试求 6 结点三角形单元的等效结点力。

【解】 将体力

$$\boldsymbol{f} = \begin{Bmatrix} f_x \\ f_y \end{Bmatrix} = \begin{Bmatrix} 0 \\ -\rho g \end{Bmatrix}$$

代入式(3.20)中体积力等效结点力公式,得:

$$\begin{aligned}
\boldsymbol{F}_L^e &= \iint_\Delta \boldsymbol{N}^{\mathrm{T}} \boldsymbol{f} t\mathrm{d}x\mathrm{d}y \\
&= \iint_\Delta \begin{bmatrix} N_1 & 0 & N_2 & 0 & N_3 & 0 & N_4 & 0 & N_5 & 0 & N_6 & 0 \\ 0 & N_1 & 0 & N_2 & 0 & N_3 & 0 & N_4 & 0 & N_5 & 0 & N_6 \end{bmatrix}^{\mathrm{T}} \begin{Bmatrix} 0 \\ -\rho g \end{Bmatrix} t\mathrm{d}x\mathrm{d}y \\
&= -\rho g t \iint_\Delta [N_1 \quad 0 \quad N_2 \quad 0 \quad N_3 \quad 0 \quad N_4 \quad 0 \quad N_5 \quad 0 \quad N_6 \quad 0]^{\mathrm{T}} \mathrm{d}x\mathrm{d}y
\end{aligned}$$

由式(3.11)得

$$\iint_A N_i \mathrm{d}x\mathrm{d}y = \iint L_i(2L_i - 1)\mathrm{d}x\mathrm{d}y = 0 \qquad (i = 1,2,3)$$

$$\iint_A N_i \mathrm{d}x\mathrm{d}y = \iint 4L_m L_n \mathrm{d}x\mathrm{d}y = \frac{A}{3} \qquad (i = 4,5,6;m = 2,3,1;n = 3,1,2)$$

故体力 $\boldsymbol{f}$ 的等效结点力为:

$$\boldsymbol{F}_L^e = -\frac{\rho g t A}{3}[0 \quad 0 \quad 0 \quad 0 \quad 0 \quad 0 \quad 0 \quad 1 \quad 0 \quad 1 \quad 0 \quad 1]^{\mathrm{T}}$$

可以看出,6 结点三角形单元承受自重荷载时,只需向 3 个边中结点各移置单元自重的 $\frac{1}{3}$,3 个角结点上等效结点力为零。该结果与静力等效结果有所不同。

整体结构分析的方法与过程在第 2.3 节已做详细介绍,这里不再赘述。

▶ 3.2.3 10 结点三角形单元(三次单元)

(1)单元位移模式及其收敛性

参照 Pascal 三角形,三次三角形单元位移模式设为完全 3 次多项式:

$$\left.\begin{aligned}
u &= a_1 + a_2 x + a_3 y + a_4 xy + a_5 x^2 + a_6 y^2 + a_7 xy^2 + a_8 x^2 y + a_9 x^3 + a_{10} y^3 \\
v &= a_{11} + a_{12} x + a_{13} y + a_{14} xy + a_{15} x^2 + a_{16} y^2 + a_{17} xy^2 + a_{18} x^2 y + a_{19} x^3 + a_{20} y^3
\end{aligned}\right\} \qquad (3.21)$$

式中,u,v 各有 10 个待定参数,按照前述分析,单元应当设置 10 个结点。除三角形 3 个角点外,考虑到相邻单元位移函数的协调性及关于坐标的对称性,在 3 条边的 1/3 长度处各设置一个结点,最后在形心处设置一个结点,该结点为内结点,如图 3.5 所示。

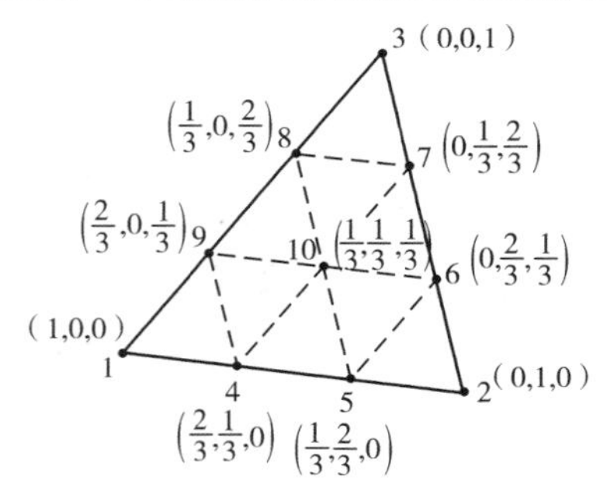

图 3.5 10 结点三角形单元

单元位移列阵为

$$\boldsymbol{\delta}^e = \begin{Bmatrix} \boldsymbol{\delta}_1^e \\ \boldsymbol{\delta}_2^e \\ \vdots \\ \boldsymbol{\delta}_{10}^e \end{Bmatrix} \tag{3.22}$$

式中

$$\boldsymbol{\delta}_i^e = \begin{Bmatrix} u_i \\ v_i \end{Bmatrix} \quad (i = 1,2,\cdots,10)$$

单元结点力列阵为

$$\boldsymbol{F}^e = \begin{Bmatrix} \boldsymbol{F}_1^e \\ \boldsymbol{F}_2^e \\ \vdots \\ \boldsymbol{F}_{10}^e \end{Bmatrix} \tag{3.23}$$

式中

$$\boldsymbol{F}_i^e = \begin{Bmatrix} F_{ix}^e \\ F_{iy}^e \end{Bmatrix} \quad (i = 1,2,\cdots,10)$$

单元位移为三次函数，在边界上其位移变化形态为三次曲线，而由边界上 4 个结点所确定的三次曲线是唯一的，因此，可以保持相邻单元在公共边界位移的协调性。10 结点三角形单元为完备协调元。

(2)构造形函数

单元位移插值函数为

$$\left.\begin{aligned} u &= \sum_{i=1}^{10} N_i u_i \\ v &= \sum_{i=1}^{10} N_i v_i \end{aligned}\right\} \tag{3.24}$$

按前述划线法，可直接构造其形函数。

$$\left.\begin{aligned} N_1 &= \frac{1}{2}(3L_1 - 1)(3L_1 - 2)L_1 \qquad (1,2,3) \\ N_4 &= \frac{9}{2}L_1L_2(3L_1 - 1) \qquad (4,6,8;1,2,3) \\ N_5 &= \frac{9}{2}L_1L_2(3L_2 - 1) \qquad (5,7,9;2,3,1) \\ N_{10} &= 27L_1L_2L_3 \end{aligned}\right\} \tag{3.25}$$

(3)内结点聚缩过程

结点 10 为内结点，并不传递单元之间相互作用，在单元刚度矩阵中，可以消去，成为 9 结点 18 自由度单元，单元刚度矩阵的阶次也相应减为 18×18。这一过程称为聚缩过程。

首先将刚度方程写成分块形式

$$\begin{bmatrix} \boldsymbol{k}_{aa} & \boldsymbol{k}_{ab} \\ \boldsymbol{k}_{ba} & \boldsymbol{k}_{bb} \end{bmatrix} \begin{Bmatrix} \boldsymbol{\delta}_a \\ \boldsymbol{\delta}_b \end{Bmatrix} = \begin{Bmatrix} \boldsymbol{F}_a^e \\ \boldsymbol{F}_b^e \end{Bmatrix} \tag{3.26}$$

式中　$\boldsymbol{\delta}_a = [\boldsymbol{\delta}_1^{\mathrm{T}} \quad \boldsymbol{\delta}_2^{\mathrm{T}} \quad \cdots \quad \boldsymbol{\delta}_9^{\mathrm{T}}]^{\mathrm{T}}$ 为单元的边界结点位移列阵；

$\boldsymbol{F}_a^e$ 为相应的结点力列阵；

$\boldsymbol{\delta}_b = \boldsymbol{\delta}_{10}$ 为拟消去的内部结点位移列阵；

$\boldsymbol{F}_b^e$ 为相应的结点力列阵。

将式(3.26)展开，得到：

$$\boldsymbol{k}_{aa}\boldsymbol{\delta}_a + \boldsymbol{k}_{ab}\boldsymbol{\delta}_b = \boldsymbol{F}_a^e \tag{3.27}$$

$$\boldsymbol{k}_{ba}\boldsymbol{\delta}_a + \boldsymbol{k}_{bb}\boldsymbol{\delta}_b = \boldsymbol{F}_b^e \tag{3.28}$$

由式(3.28)，得

$$\boldsymbol{\delta}_b = \boldsymbol{c} - \boldsymbol{T}\boldsymbol{\delta}_a \tag{3.29}$$

式中

$$\boldsymbol{c} = \boldsymbol{k}_{bb}^{-1}\boldsymbol{F}_b^e,\ \boldsymbol{T} = \boldsymbol{k}_{bb}^{-1}\boldsymbol{k}_{ba} \tag{3.30}$$

将式(3.29)代入式(3.27)，得

$$\boldsymbol{k}^*\boldsymbol{\delta}_a = (\boldsymbol{F}^e)^* \tag{3.31}$$

式中

$$\boldsymbol{k}^* = \boldsymbol{k}_{aa} - \boldsymbol{k}_{ab}\boldsymbol{T}$$

$$(\boldsymbol{F}^e)^* = \boldsymbol{F}_a^e - \boldsymbol{k}_{ab}\boldsymbol{c} \tag{3.32}$$

式(3.32)中$\boldsymbol{k}_{ab}\boldsymbol{T}$ 表示由于单元内部结点位移 $\boldsymbol{\delta}_b$ 而产生的对单元刚度矩阵的修正，$\boldsymbol{k}_{ab}\boldsymbol{c}$ 代表由内部结点传递至单元结点的荷载。

在实际运算中，可以采用高斯消元法消去 $\boldsymbol{\delta}_b$，从而避免矩阵求逆的复杂运算。上述内结点位移消去法也同样适用于由若干个单元组成的复杂单元，只需将复杂单元的结点位移按边界结点位移 $\boldsymbol{\delta}_a$ 和内部结点位移 $\boldsymbol{\delta}_b$ 重新排列即可。

单元刚度矩阵和单元等效荷载的计算可参照式(3.19)和式(3.20)。

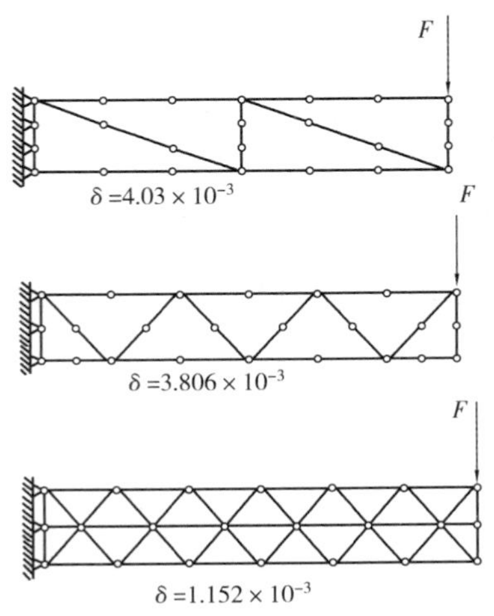

图 3.6　悬臂梁挠度计算

在图3.6中表示了采用3种不同的三角形单元计算悬臂梁在集中荷载作用下的挠度。3种计算网格具有相同的结点数目。

根据位移解法的下限性质，计算的挠度是低于真实值的，因此算出的位移越大，精度越高。由图3.6可见，9结点三角形单元给出最好的结果。6结点三角形单元次之；而3结点等应变三角形单元给出的结果则较差。

3.3 矩形单元

3.3.1 4结点矩形单元(一次单元)

4结点矩形单元是有限元方法中一种平面基本单元。由于它采用了比3结点三角形单元更高阶的位移函数，能更好地反映弹性体中的位移和应力状态。

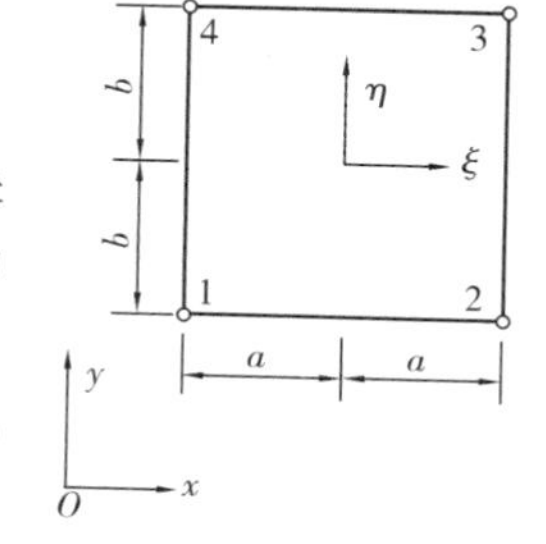

图3.7 4结点矩形单元

图3.7表示边长分别为$2a \times 2b$任意的4结点矩形单元，单元有8个自由度。

单元位移列阵为

$$\boldsymbol{\delta}^e = [u_1 \quad v_1 \quad u_2 \quad v_2 \quad u_3 \quad v_3 \quad u_4 \quad v_4]^{\mathrm{T}} \tag{3.33}$$

单元结点力列阵

$$\boldsymbol{F}^e = [F_{1x}^e \quad F_{1y}^e \quad F_{2x}^e \quad F_{2y}^e \quad F_{3x}^e \quad F_{3y}^e \quad F_{4x}^e \quad F_{4y}^e]^{\mathrm{T}} \tag{3.34}$$

(1)位移模式

参照Pascal三角形，首先选择完全一次项：1，x，y，其次应在二次及以上项中选择1项。可以看到，无论考虑坐标对称性或收敛性要求，应当选择xy这一项。则单元位移模式取如下形式函数

$$\left.\begin{aligned} u &= \alpha_1 + \alpha_2 x + \alpha_3 y + \alpha_4 xy \\ v &= \alpha_5 + \alpha_6 x + \alpha_7 y + \alpha_8 xy \end{aligned}\right\} \tag{3.35}$$

由于矩形单元其边界总是平行于坐标方向的，因此，在任意边界上位移函数均为x或y的线性函数，式(3.35)也称为双线性模式。单元位移模式包含完全的一次项，满足完备性要求。单元各边界均包含两个结点，可唯一确定线性函数，故满足连续性条件，单元为完备协调元。

(2)局部坐标

根据矩形单元边界的几何特性，为便于运算，引入无量纲局部坐标系($\xi\eta$)，如图3.7所示。

$\xi\eta$与xy坐标系之间的转换关系为

$$\left.\begin{aligned} x &= x_0 + a\xi \\ y &= y_0 + b\eta \end{aligned}\right\} \quad 和 \quad \left.\begin{aligned} \xi &= \frac{x - x_0}{a} \\ \eta &= \frac{y - y_0}{b} \end{aligned}\right\} \tag{3.36}$$

式中

$$\left.\begin{aligned} x_0 &= \frac{x_1+x_2}{2} = \frac{x_3+x_4}{2} \\ y_0 &= \frac{y_1+y_3}{2} = \frac{y_2+y_4}{2} \end{aligned}\right\} \tag{3.37}$$

为矩形形心位置坐标。

于是,矩形单元均可变换为边长为 2×2 的正方形单元,如图 3.8 所示。形函数的构造将在局部坐标系($\xi\eta$)中进行,而通过坐标变换式(3.36),可将局部坐标系中构造的形函数映射到整体结构中所有矩形单元。

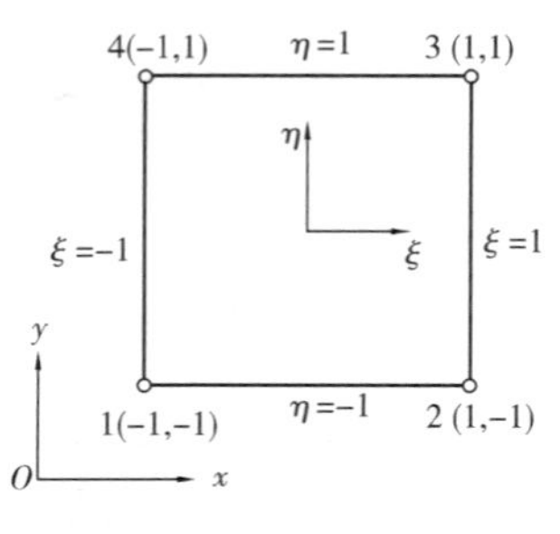

图 3.8　矩形单元局部坐标

根据复合函数微分法则,由式(3.36)可得

$$\left.\begin{aligned} \frac{\partial}{\partial x} &= \frac{\partial}{\partial \xi}\frac{\partial \xi}{\partial x} + \frac{\partial}{\partial \eta}\frac{\partial \eta}{\partial x} = \frac{\partial}{\partial \xi}\frac{1}{a} \\ \frac{\partial}{\partial y} &= \frac{\partial}{\partial \xi}\frac{\partial \xi}{\partial y} + \frac{\partial}{\partial \eta}\frac{\partial \eta}{\partial y} = \frac{\partial}{\partial \eta}\frac{1}{b} \end{aligned}\right\} \tag{3.38}$$

$$\left.\begin{aligned} \mathrm{d}x &= \frac{\partial x}{\partial \xi}\mathrm{d}\xi + \frac{\partial x}{\partial \eta}\mathrm{d}\eta = a\mathrm{d}\xi \\ \mathrm{d}y &= \frac{\partial y}{\partial \xi}\mathrm{d}\xi + \frac{\partial y}{\partial \eta}\mathrm{d}\eta = b\mathrm{d}\eta \end{aligned}\right\} \tag{3.39}$$

(3)构造形函数

单元位移插值函数

$$\left.\begin{aligned} u &= \sum_{i=1}^{4} N_i u_i \\ v &= \sum_{i=1}^{4} N_i v_i \end{aligned}\right\} \tag{3.40}$$

即

$$\begin{Bmatrix} u \\ v \end{Bmatrix} = \begin{bmatrix} N_1 & 0 & N_2 & 0 & N_3 & 0 & N_4 & 0 \\ 0 & N_1 & 0 & N_2 & 0 & N_3 & 0 & N_4 \end{bmatrix} \begin{Bmatrix} u_1 \\ v_1 \\ u_2 \\ v_2 \\ u_3 \\ v_3 \\ u_4 \\ v_4 \end{Bmatrix} \tag{3.41}$$

则有

$$\boldsymbol{u} = \boldsymbol{N}\boldsymbol{\delta}^e \tag{3.42}$$

式中

需要进一步说明的是，本章讲述的矩形单元为 Serendipity 单元（或称索氏单元），有限元分析中通常采用的单元还包括 Lagrange 单元，Hermite 单元等。与其他各类单元相比，索氏单元的特点是在相同数目情况下，结点仅需（或大多）设置在边界上，从而较大地提高了计算效率，因此目前索氏单元被广泛应用。

4

三维应力分析

实际工程中,除了一些问题在特殊条件下可以简化为平面问题等外,一般多属于空间问题计算。对于空间问题,在进行有限元分析时,首先将弹性体离散成三维应力单元进行分析。空间问题有限元分析的基本单元为四面体和六面体单元(图 4.1)。

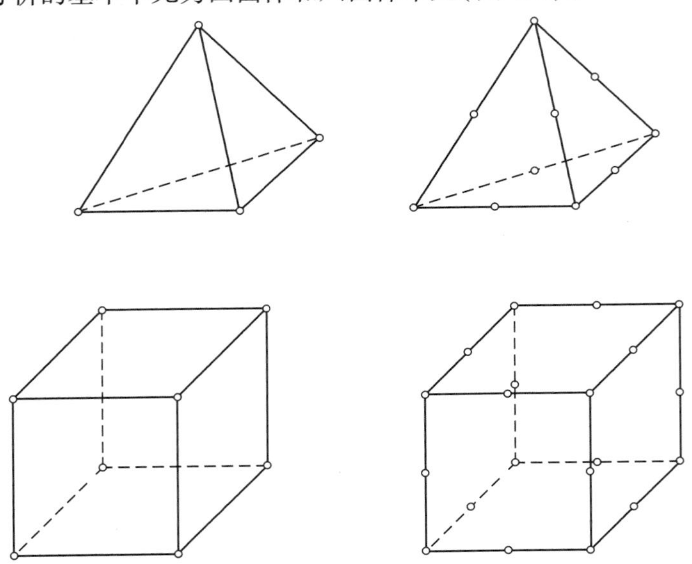

图 4.1　四面体和六面体单元

对于空间问题有限元分析,与平面问题分析相似的方法与过程,本章不再赘述,本章只给出几种基本单元常见单元的分析结果。

4.1 四面体单元

与平面三角形单元相似,四面体单元是一种基本三维单元。可根据多项式位移模式将其分为 4 结点四面体(一次单元),10 结点四面体(二次单元),20 结点四面体(三次单元)。

▶ 4.1.1 体积坐标

根据四面体单元的几何特点引入自然坐标系,即体积坐标。

类似于平面三角形单元的面积坐标,在三维空间的四面体中,为了避免采用行列式计算体积得到负值,结点编码 1,2,3,4 的排列服从右手螺旋法则。设单元体积坐标为 L_1,L_2,L_3,L_4,四面体内任意点 P 的位置可用 4 个体积坐标由式(4.1)来确定,即

$$L_1 = \frac{V_1}{V}, L_2 = \frac{V_2}{V}, L_3 = \frac{V_3}{V}, L_4 = \frac{V_4}{V} \tag{4.1}$$

式中 V——四面体单元的体积;

V_1,V_2,V_3,V_4——四面体 P234、P134、P124、P123 的体积(图 4.2 所示)。

由于

$$V_1 + V_2 + V_3 + V_4 = V$$

故有

$$L_1 + L_2 + L_3 + L_4 = 1 \tag{4.2}$$

式(4.2)表明,独立的坐标仍然为 3 个。

由图 4.2 可知,体积坐标也在各顶点上有如下特点:

$$(L_i)_j = \begin{cases} 1 & (i = j) \\ 0 & (i \neq j) \end{cases} \quad (i,j = 1,2,3,4) \tag{4.3}$$

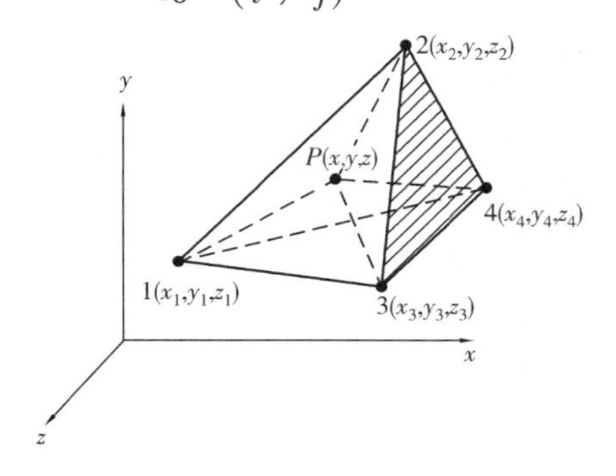

图 4.2 体积坐标

4 个顶点体积坐标分别为(1,0,0,0),(0,1,0,0),(0,0,1,0),(0,0,0,1)。L_1 在平行于结点 1 所对的平面 234 的任意平面上各点具有相同的坐标值,即 L_1 = 常数(1,2,3,4 轮换)。特别的,在平面 234 上,$L_1 = 0$(1,2,3,4 轮换)。

由式(4.1)可得

$$L_1 = \frac{V_1}{V} = \frac{\frac{1}{6}\begin{vmatrix} 1 & x & y & z \\ 1 & x_2 & y_2 & z_2 \\ 1 & x_3 & y_3 & z_3 \\ 1 & x_4 & y_4 & z_4 \end{vmatrix}}{\frac{1}{6}\begin{vmatrix} 1 & x_1 & y_1 & z_1 \\ 1 & x_2 & y_2 & z_2 \\ 1 & x_3 & y_3 & z_3 \\ 1 & x_4 & y_4 & z_4 \end{vmatrix}} \qquad (1,2,3,4)$$

写作

$$L_i = \frac{1}{6V}(\alpha_i + \beta_i x + \gamma_i y + \varphi_i z) \qquad (i = 1,2,3,4) \tag{4.4}$$

式中　V——四面体的体积。

$$V = \frac{1}{6}\begin{vmatrix} 1 & x_1 & y_1 & z_1 \\ 1 & x_2 & y_2 & z_2 \\ 1 & x_3 & y_3 & z_3 \\ 1 & x_4 & y_4 & z_4 \end{vmatrix} \tag{4.5}$$

$\alpha_i,\beta_i,\gamma_i,\varphi_i$ 为上式中行列式的代数余子式,可表示如下

$$\alpha_1 = \begin{vmatrix} x_2 & y_2 & z_2 \\ x_3 & y_3 & z_3 \\ x_4 & y_4 & z_4 \end{vmatrix} \qquad \beta_1 = -\begin{vmatrix} 1 & y_2 & z_2 \\ 1 & y_3 & z_3 \\ 1 & y_4 & z_4 \end{vmatrix}$$

$$\gamma_1 = \begin{vmatrix} 1 & x_2 & z_2 \\ 1 & x_3 & z_3 \\ 1 & x_4 & z_4 \end{vmatrix} \qquad \varphi_1 = -\begin{vmatrix} 1 & x_2 & y_2 \\ 1 & x_3 & y_3 \\ 1 & x_4 & y_4 \end{vmatrix} \qquad (1,2,3,4) \tag{4.6}$$

将式(4.4)写成矩阵形式

$$\begin{Bmatrix} L_1 \\ L_2 \\ L_3 \\ L_4 \end{Bmatrix} = \frac{1}{6V}\begin{bmatrix} \alpha_1 & \beta_1 & \gamma_1 & \varphi_1 \\ \alpha_2 & \beta_2 & \gamma_2 & \varphi_2 \\ \alpha_3 & \beta_3 & \gamma_3 & \varphi_3 \\ \alpha_4 & \beta_4 & \gamma_4 & \varphi_4 \end{bmatrix}\begin{Bmatrix} 1 \\ x \\ y \\ z \end{Bmatrix} \tag{4.7}$$

直角坐标可用体积坐标表示为

$$\left.\begin{aligned} x &= L_1x_1 + L_2x_2 + L_3x_3 + L_4x_4 \\ y &= L_1y_1 + L_2y_2 + L_3y_3 + L_4y_4 \\ z &= L_1z_1 + L_2z_2 + L_3z_3 + L_4z_4 \end{aligned}\right\} \tag{4.8}$$

将式(4.8)连式(4.2)合并写成矩阵形式

$$\begin{Bmatrix} 1 \\ x \\ y \\ z \end{Bmatrix} = \begin{bmatrix} 1 & 1 & 1 & 1 \\ x_1 & x_2 & x_3 & x_4 \\ y_1 & y_2 & y_3 & y_4 \\ z_1 & z_2 & z_3 & z_4 \end{bmatrix} \begin{Bmatrix} L_1 \\ L_2 \\ L_3 \\ L_4 \end{Bmatrix} \tag{4.9}$$

体积坐标的微分计算,采用复合函数运算法则有

$$\left.\begin{aligned} \frac{\partial}{\partial x} &= \sum_{i=1}^{4} \frac{\partial L_i}{\partial x} \frac{\partial}{\partial L_i} = \frac{1}{6V} \sum_{i=1}^{4} \beta_i \frac{\partial}{\partial L_i} \\ \frac{\partial}{\partial y} &= \sum_{i=1}^{4} \frac{\partial L_i}{\partial y} \frac{\partial}{\partial L_i} = \frac{1}{6V} \sum_{i=1}^{4} \gamma_i \frac{\partial}{\partial L_i} \\ \frac{\partial}{\partial z} &= \sum_{i=1}^{4} \frac{\partial L_i}{\partial z} \frac{\partial}{\partial L_i} = \frac{1}{6V} \sum_{i=1}^{4} \varphi_i \frac{\partial}{\partial L_i} \end{aligned}\right\} \tag{4.10}$$

体积坐标的体积积分按照下列积分公式计算

$$\int_V L_1^{\alpha} L_2^{\beta} L_3^{\gamma} L_4^{\varphi} \mathrm{d}V = \frac{\alpha!\beta!\gamma!\varphi!}{(\alpha+\beta+\gamma+\varphi+3)!} 6V \tag{4.11}$$

▶ 4.1.2　4 结点四面体(一次单元)

如图 4.3 所示为 4 结点四面体单元,具有 12 个自由度。

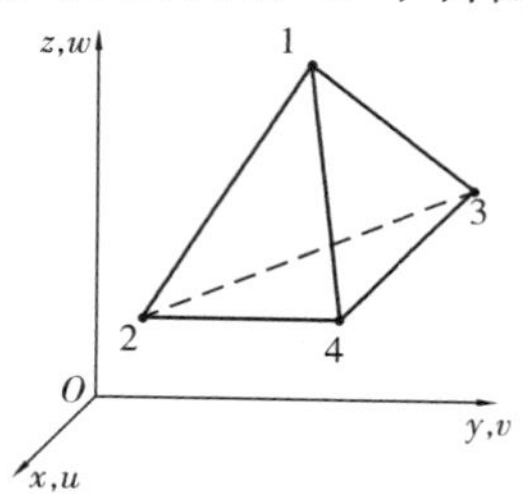

图 4.3　4 结点四面体单元

单元结点位移列阵为

$$\boldsymbol{\delta}^e = \begin{Bmatrix} \boldsymbol{\delta}_1^e \\ \boldsymbol{\delta}_2^e \\ \boldsymbol{\delta}_3^e \\ \boldsymbol{\delta}_4^e \end{Bmatrix} \quad (i = 1,2,3,4) \tag{4.12}$$

式中

$$\boldsymbol{\delta}_i^e = \begin{Bmatrix} u_i \\ v_i \\ w_i \end{Bmatrix} \quad (i = 1,2,3,4)$$

单元结点力列阵为：

$$
\boldsymbol{F}^e = \begin{Bmatrix} \boldsymbol{F}_1^e \\ \boldsymbol{F}_2^e \\ \boldsymbol{F}_3^e \\ \boldsymbol{F}_4^e \end{Bmatrix} \tag{4.13}
$$

式中

$$
\boldsymbol{F}_i^e = \begin{Bmatrix} F_{ix}^e \\ F_{iy}^e \\ F_{iz}^e \end{Bmatrix} \quad (i = 1,2,3,4)
$$

(1)位移模式

与平面问题类似，按照 3.1 节中单元位移模式选择规则，位移多项式选项可以参照图 4.4 所示三维 Pascal 三角锥选取。

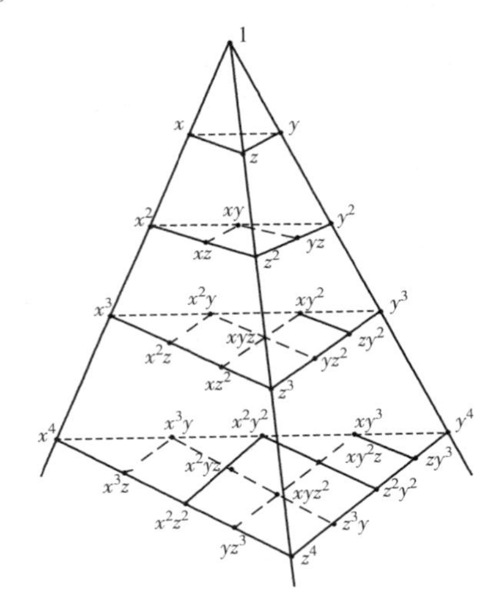

图 4.4　三维 Pascal 三角锥

由于四面体沿每条边只有两个结点，所以，对于协调的位移场，位移函数 u,v,w 必须沿每一条边是线性函数。因此，选择完全一次多项式作为其位移模式：

$$
\left.\begin{aligned} u &= a_1 + a_2 x + a_3 y + a_4 z \\ v &= a_5 + a_6 x + a_7 y + a_8 z \\ w &= a_9 + a_{10} x + a_{11} y + a_{12} z \end{aligned}\right\} \tag{4.14}
$$

显然，位移模式已满足完备性要求。由式(4.14)可以看出，单元位移函数在边界面上为一平面方程，即在变形过程中该边界面始终保持为平面。这一平面方程能够由该边界面的 4 个结点唯一确定，因此满足协调性要求，该单元为完备协调单元。

(2)位移插值函数

单元位移插值函数为

$$\left.\begin{aligned} u &= \sum_{i=1}^{4} N_i u_i \\ v &= \sum_{i=1}^{4} N_i v_i \\ w &= \sum_{i=1}^{4} N_i w_i \end{aligned}\right\} \tag{4.15}$$

记为矩阵表达式

$$\boldsymbol{u} = \boldsymbol{N}\boldsymbol{\delta}^e$$

式(4.15)中,形函数 N_i 则采用第3章中相似的方法得到,不同之处在于平面问题采用划线方法,而三维问题采用划面法。

形函数

$$N_i = L_i \quad (i = 1,2,3,4) \tag{4.16}$$

形函数矩阵为

$$\boldsymbol{N} = [\boldsymbol{N}_1 \quad \boldsymbol{N}_2 \quad \boldsymbol{N}_3 \quad \boldsymbol{N}_4] \tag{4.17}$$

子矩阵 $\boldsymbol{N}_i$ 为

$$\boldsymbol{N}_i = \begin{bmatrix} N_i & 0 & 0 \\ 0 & N_i & 0 \\ 0 & 0 & N_i \end{bmatrix} \quad (i = 1,2,3,4)$$

(3)应力与应变

将式(4.16)代入几何方程(1.7)和式(1.8),得到

$$\boldsymbol{\varepsilon} = \boldsymbol{B}\boldsymbol{\delta}^e \tag{4.18}$$

式中 $\boldsymbol{B}$ 为几何矩阵

$$\boldsymbol{B} = \boldsymbol{L}\boldsymbol{N} \tag{4.19}$$

可写成分块形式

$$\boldsymbol{B} = [\boldsymbol{B}_1 \quad \boldsymbol{B}_2 \quad \boldsymbol{B}_3 \quad \boldsymbol{B}_4] \tag{4.20}$$

由式(4.17)可得子矩阵

$$\boldsymbol{B}_i = \boldsymbol{L}\boldsymbol{N}_i \tag{4.21}$$

即

$$\boldsymbol{B}_i = \begin{bmatrix} \frac{\partial N_i}{\partial x} & 0 & 0 \\ 0 & \frac{\partial N_i}{\partial y} & 0 \\ 0 & 0 & \frac{\partial N_i}{\partial z} \\ \frac{\partial N_i}{\partial y} & \frac{\partial N_i}{\partial x} & 0 \\ 0 & \frac{\partial N_i}{\partial z} & \frac{\partial N_i}{\partial y} \\ \frac{\partial N_i}{\partial z} & 0 & \frac{\partial N_i}{\partial x} \end{bmatrix} \quad (i = 1,2,3,4) \tag{4.22}$$

将式(4.4)、式(4.16)代入方程(4.22),可得

$$\boldsymbol{B}_i = \frac{1}{6V}\begin{bmatrix} \beta_i & 0 & 0 \\ 0 & \gamma_i & 0 \\ 0 & 0 & \varphi_i \\ \gamma_i & \beta_i & 0 \\ 0 & \varphi_i & \gamma_i \\ \varphi_i & 0 & \beta_i \end{bmatrix} \quad (i = 1,2,3,4) \tag{4.23}$$

由于式(4.23)中的$\beta_i,\gamma_i,\varphi_i$均由结点的坐标值确定,因此,几何矩阵$\boldsymbol{B}$为常数矩阵。

将式(4.18)代入物理方程(1.16)可得

$$\boldsymbol{\sigma} = \boldsymbol{D\varepsilon} = \boldsymbol{DB\delta}^e \tag{4.24}$$

式中,弹性矩阵$\boldsymbol{D}$由式(1.17)给出。

(4)单元刚度矩阵

根据第2.2.5节讨论,单元刚度矩阵一般可表达为

$$\boldsymbol{k} = \iiint_V \boldsymbol{B}^{\mathrm{T}}\boldsymbol{DB}\mathrm{d}V \tag{4.25}$$

对于4结点四面体单元,矩阵$\boldsymbol{B}$和$\boldsymbol{D}$都是常数阵,所以方程(4.25)可简化为

$$\boldsymbol{k} = \boldsymbol{B}^{\mathrm{T}}\boldsymbol{DB}V \tag{4.26}$$

式中　V——单元的体积。

(5)等效结点荷载

设$\boldsymbol{F}_L^e$为单元等效结点荷载

$$\boldsymbol{F}_L^e = [\boldsymbol{F}_{L1}^e \quad \boldsymbol{F}_{L2}^e \quad \boldsymbol{F}_{L3}^e \quad \boldsymbol{F}_{L4}^e]^{\mathrm{T}}$$

根据由第2.2.6节讨论,单元等效结点荷载参照式(2.40)得出

$$\boldsymbol{F}_L^e = \iiint_V \boldsymbol{N}^{\mathrm{T}}\boldsymbol{f}\mathrm{d}V + \iint_{S_\sigma} \boldsymbol{N}^{\mathrm{T}}\bar{\boldsymbol{f}}\mathrm{d}S \tag{4.27}$$

式中　$\iiint_V \boldsymbol{N}^{\mathrm{T}}\boldsymbol{f}\mathrm{d}V$——体力产生的单元等效结点荷载;

$\iint\limits_{S_\sigma} \boldsymbol{N}^{\mathrm{T}} \bar{\boldsymbol{f}} \mathrm{d}S$——面力产生的单元等效结点荷载。

例如,对于任意 4 结点四面体单元,其比重为 ρg。体力可表示为

$$\boldsymbol{f} = [0 \quad 0 \quad -\rho g]^{\mathrm{T}}$$

将式(4.20)式代入式(4.28),有

$$\boldsymbol{F}_{Li}^{e} = \left[0 \quad 0 \quad -\frac{1}{4}\rho g V\right]^{\mathrm{T}} \qquad (i = 1,2,3,4)$$

这表明,单元等效结点荷载将体力合力平均分配在 4 个结点上,即:

$$\boldsymbol{F}_{L}^{e} = -\frac{1}{4}\rho g V [0 \quad 0 \quad 1 \quad 0 \quad 0 \quad 1 \quad 0 \quad 0 \quad 1 \quad 0 \quad 0 \quad 1]^{\mathrm{T}}$$

此时等效原则符合平行力法法则。

考虑均匀压力 p 情况,若压力作用在如图 4.5 所示单元的结点 123 的表面上,合成的结点荷载为:

$$\boldsymbol{F}_{L}^{e} = \iint\limits_{S_{\sigma 1 \sim 3}} \boldsymbol{N}^{\mathrm{T}} \begin{Bmatrix} p_x \\ p_y \\ p_z \end{Bmatrix} \mathrm{d}S$$

式中 p_x, p_y, p_z——分别是 p 的 x, y, z 分量。

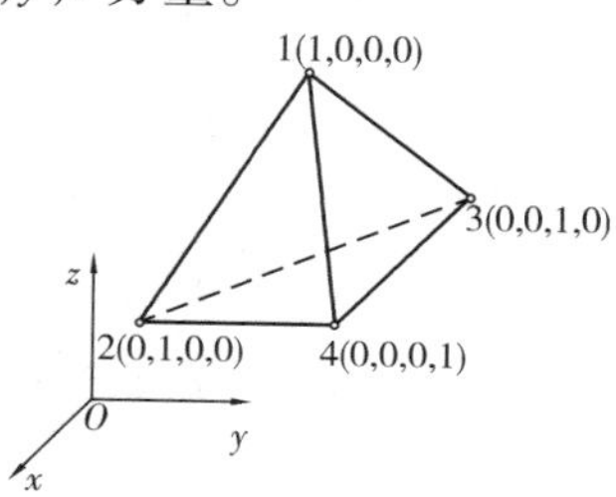

图 4.5 4 结点四面体单元

简化并积分上式可得到:

$$\boldsymbol{F}_{L}^{e} = \frac{S_{123}}{3} [p_{1x} \quad p_{1y} \quad p_{1z} \quad p_{2x} \quad p_{2y} \quad p_{2z} \quad p_{3x} \quad p_{3y} \quad p_{3z} \quad 0 \quad 0 \quad 0]^{\mathrm{T}}$$

式中 S_{123}——与结点 123 相关的表面面积。

▶ 4.1.3 10 结点四面体单元(二次单元)

图 4.6 所示为 10 结点四面体单元,单元结点位移列阵可表示为

$$\boldsymbol{\delta}^{e} = \begin{Bmatrix} \boldsymbol{\delta}_1^{e} \\ \boldsymbol{\delta}_2^{e} \\ \vdots \\ \boldsymbol{\delta}_{10}^{e} \end{Bmatrix} \tag{4.28}$$

式中

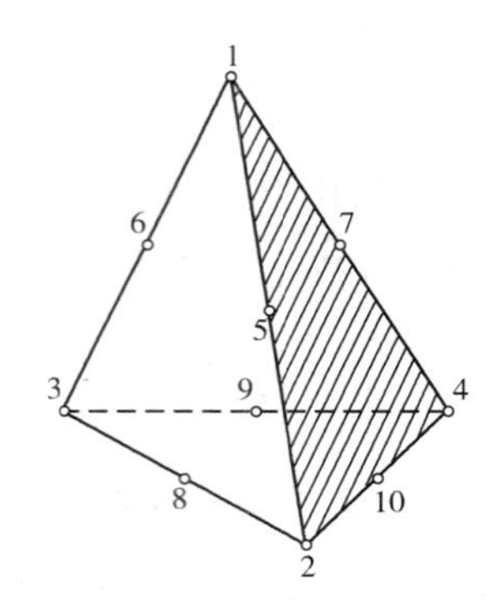

图 4.6　10 结点四面体单元

$$\boldsymbol{\delta}_i^e = \begin{Bmatrix} u_i \\ v_i \\ w_i \end{Bmatrix} \quad (i=1,2,3,\cdots,10)$$

单元结点力列阵可表示为

$$\boldsymbol{F}^e = \begin{Bmatrix} \boldsymbol{F}_1^e \\ \boldsymbol{F}_2^e \\ \vdots \\ \boldsymbol{F}_{10}^e \end{Bmatrix} \tag{4.29}$$

式中

$$\boldsymbol{F}_i^e = \begin{Bmatrix} F_{ix}^e \\ F_{iy}^e \\ F_{iz}^e \end{Bmatrix} \quad (i = 1,2,3,\cdots,10)$$

(1)单元位移模式

利用图 4.4,单元位移模式可设置为完全二次多项式,即

$$\left.\begin{aligned} u &= a_1 + a_2x + a_3y + a_4z + a_5xy + a_6yz + a_7zx + a_8x^2 + a_9y^2 + a_{10}z^2 \\ v &= a_{11} + a_{12}x + a_{13}y + a_{14}z + a_{15}xy + a_{16}yz + a_{17}zx + a_{18}x^2 + a_{19}y^2 + a_{20}z^2 \\ w &= a_{21} + a_{22}x + a_{23}y + a_{24}z + a_{25}xy + a_{26}yz + a_{27}zx + a_{28}x^2 + a_{29}y^2 + a_{30}z^2 \end{aligned}\right\} \tag{4.30}$$

考察单元收敛性。

显然,位移函数满足完备性。对于单元的边界面,例如 124 组成的面(图 4.6),$L_3 = 0$,由式(4.4)可得

$$L_3 = \frac{1}{6V}(\alpha_3 + \beta_3x + \gamma_3y + \varphi_3z) = 0$$

从上式解出 z,然后代入式(4.30),则位移函数可表示为

$$u = b_1 + b_2x + b_3y + b_4x^2 + b_5xy + b_6y^2$$

位移函数为完全二次式,可由该面 6 个结点 1,2,4,5,7,9 位移参数唯一确定,因而单元位移函数满足协调性。

(2)位移插值函数

单元插值函数可以表示为:

$$u = \sum_{i=1}^{10} N_i u_i, v = \sum_{i=1}^{10} N_i v_i, w = \sum_{i=1}^{10} N_i w_i \tag{4.31}$$

式中 N_i——用体积坐标表示的二次形函数。

采用划面法直接构造单元形函数。

根据形函数性质(1),对于角结点1,设

$$N_1 = c(2L_1 - 1)L_1$$

其中包含了通过结点5,6,7的平面方程 $2L_1 - 1 = 0$ 与通过结点2,3,4的平面方程 $L_1 = 0$,故

$$(L_1)|_{2,3,4} = 0$$

由 $(L_1)|_1 = 1$,得到 $c = 1$,因此

$$N_1 = (2L_1 - 1)L_1$$

同理,可得 N_2, N_3, N_4。

对于边结点5,设

$$N_5 = cL_1L_2$$

上式包含了通过结点1,3,4的平面方程 $L_2 = 0$ 与通过结点2,3,4的平面方程 $L_1 = 0$,由 $(L_5)|_5 = 1$,得到 $c = 4$,因此有

$$N_5 = 4L_1L_2$$

同理,可得 $N_6 \sim N_{10}$。

于是,10结点四面体的形函数可表示为

$$\left.\begin{aligned} N_1 &= (2L_1 - 1)L_1 \quad (1,2,3,4) \\ N_5 &= 4L_1L_2 \quad (5,6,7,8,9,10;1,2,3,4) \end{aligned}\right\} \tag{4.32}$$

(3)单元刚度矩阵和单元等效荷载

空间问题单元刚度矩阵一般可表示为

$$\boldsymbol{k} = \iiint_V \boldsymbol{B}^{\mathrm{T}} \boldsymbol{D} \boldsymbol{B} \mathrm{d}V \tag{4.33}$$

式中 $\boldsymbol{B}$——几何矩阵,可写成分块形式

$$\boldsymbol{B} = [\boldsymbol{B}_1 \quad \boldsymbol{B}_2 \quad \cdots \quad \boldsymbol{B}_{10}] \tag{4.34}$$

即

$$\boldsymbol{B}_i = \begin{bmatrix} \frac{\partial N_i}{\partial x} & 0 & 0 \\ 0 & \frac{\partial N_i}{\partial y} & 0 \\ 0 & 0 & \frac{\partial N_i}{\partial z} \\ \frac{\partial N_i}{\partial y} & \frac{\partial N_i}{\partial x} & 0 \\ 0 & \frac{\partial N_i}{\partial z} & \frac{\partial N_i}{\partial y} \\ \frac{\partial N_i}{\partial z} & 0 & \frac{\partial N_i}{\partial x} \end{bmatrix} \quad (i = 1,2,\cdots,10) \tag{4.35}$$

其中$\frac{\partial x}{\partial \xi},\frac{\partial y}{\partial \xi},\frac{\partial z}{\partial \xi}$,由式(4.10)求得

$$\left.\begin{aligned}\frac{\partial N_i}{\partial x} &= \sum_{i=1}^{10}\frac{\partial L_i}{\partial x}\frac{\partial N_i}{\partial L_i} = \frac{1}{6V}\sum_{i=1}^{10}\beta_i\frac{\partial N_i}{\partial L_i}\\ \frac{\partial N_i}{\partial y} &= \sum_{i=1}^{10}\frac{\partial L_i}{\partial y}\frac{\partial N_i}{\partial L_i} = \frac{1}{6V}\sum_{i=1}^{10}\gamma_i\frac{\partial N_i}{\partial L_i}\\ \frac{\partial N_i}{\partial z} &= \sum_{i=1}^{10}\frac{\partial L_i}{\partial z}\frac{\partial N_i}{\partial L_i} = \frac{1}{6V}\sum_{i=1}^{10}\varphi_i\frac{\partial N_i}{\partial L_i}\end{aligned}\right\} \tag{4.36}$$

$\boldsymbol{k}$ 可按结点分块写成

$$\boldsymbol{k} = \begin{bmatrix}\boldsymbol{k}_{11} & \boldsymbol{k}_{12} & \cdots & \boldsymbol{k}_{1\,10}\\ \boldsymbol{k}_{21} & \boldsymbol{k}_{22} & \cdots & \boldsymbol{k}_{2\,10}\\ \vdots & \vdots & & \vdots\\ \boldsymbol{k}_{10\,1} & \boldsymbol{k}_{10\,2} & \cdots & \boldsymbol{k}_{10\,10}\end{bmatrix}$$

则子矩阵 $\boldsymbol{k}_{rs}$ 为

$$\boldsymbol{k}_{rs} = \iiint_V \boldsymbol{B}_r^{\mathrm{T}}\boldsymbol{D}\boldsymbol{B}_s \mathrm{d}V \qquad (r,s = 1,2,\cdots,10) \tag{4.37}$$

单元等效荷载为列阵

$$\boldsymbol{F}_L^e = [\boldsymbol{F}_{L1}^e \quad \boldsymbol{F}_{L2}^e \quad \cdots \quad \boldsymbol{F}_{L10}^e]^{\mathrm{T}} \tag{4.38}$$

式中

$$\boldsymbol{F}_{Li}^e = [F_{Lix} \quad F_{Liy} \quad F_{Liz}]^{\mathrm{T}}$$

单元等效荷载计算可参照式(4.27)计算。

▶ 4.1.4 20 结点四面体单元(三次单元)

如图 4.7 所示为 20 结点四面体单元,设置 20 个结点。取 4 个角点,6 条棱边的三分点及 4 个表面的形心。

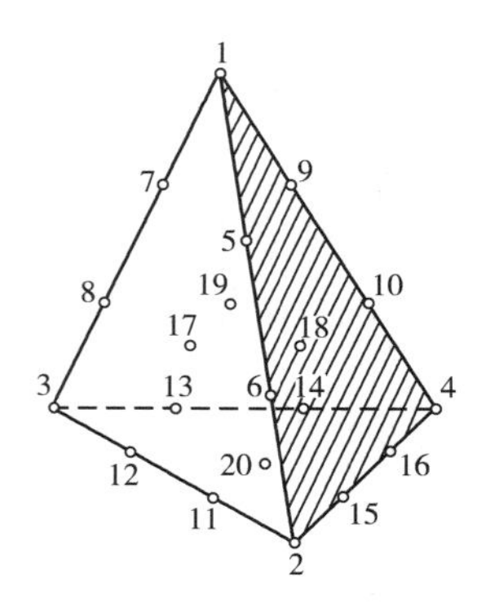

图 4.7 20 结点四面体

单元结点位移列阵

$$\boldsymbol{\delta}^e = \begin{Bmatrix} \boldsymbol{\delta}_1^e \\ \boldsymbol{\delta}_2^e \\ \boldsymbol{\delta}_3^e \\ \vdots \\ \boldsymbol{\delta}_{20}^e \end{Bmatrix}$$

式中

$$\boldsymbol{\delta}_i^e = \begin{Bmatrix} u_i \\ v_i \\ w_i \end{Bmatrix} \quad (i = 1,2,3,\cdots,20)$$

单元结点力向量

$$\boldsymbol{F}^e = [\boldsymbol{F}_1^e \quad \boldsymbol{F}_2^e \quad \cdots \quad \boldsymbol{F}_{20}^e]^{\mathrm{T}}$$

式中

$$\boldsymbol{F}_i^e = \begin{Bmatrix} F_{ix}^e \\ F_{iy}^e \\ F_{iz}^e \end{Bmatrix} \quad (i = 1,2,3,\cdots,20)$$

取位移模式为完全三次多项式

$$\begin{aligned} u = {} & a_1 + a_2x + a_3y + a_4z + a_5xy + a_6yz + a_7zx + a_8x^2 + \\ & a_9y^2 + a_{10}z^2 + a_{11}x^2y + a_{12}x^2z + a_{13}y^2x + a_{14}y^2z + \\ & a_{15}z^2x + a_{16}z^2y + a_{17}xyz + a_{18}x^3 + a_{19}y^3 + a_{20}z^3 \\ v = {} & a_{21} + a_{22}x + a_{23}y + a_{24}z + a_{25}xy + a_{26}yz + a_{27}zx + a_{28}x^2 + \\ & a_{29}y^2 + a_{30}z^2 + a_{31}x^2y + a_{32}x^2z + a_{33}y^2x + a_{34}y^2z + \\ & a_{35}z^2x + a_{36}z^2y + a_{37}xyz + a_{38}x^3 + a_{39}y^3 + a_{40}z^3 \\ w = {} & a_{41} + a_{42}x + a_{43}y + a_{44}z + a_{45}xy + a_{46}yz + a_{47}zx + a_{48}x^2 + \\ & a_{49}y^2 + a_{50}z^2 + a_{51}x^2y + a_{52}x^2z + a_{53}y^2x + a_{54}y^2z + \\ & a_{55}z^2x + a_{56}z^2y + a_{57}xyz + a_{58}x^3 + a_{59}y^3 + a_{60}z^3 \end{aligned} \tag{4.39}$$

可以证明,单元为完备协调元。

采用上一节类似方法,可构造单元形函数如下:

$$\left.\begin{aligned} N_1 &= \frac{1}{2}(3L_1 - 1)(3L_1 - 2)L_1 && (1,2,3,4) \\ N_5 &= \frac{9}{2}L_1L_2(3L_1 - 1) && (5,6,\cdots,16) \\ N_{17} &= 27L_1L_2L_3 && (17,18,19,20) \end{aligned}\right\} \tag{4.40}$$

单元刚度矩阵和单元等效荷载计算可参照式(4.27)和式(4.33)计算。

4.2　六面体单元

4.2.1　8 结点六面体单元(一次单元)

如图 4.8 所示,任意边长为 $2a \times 2b \times 2c$ 的六面体单元,选取 8 个角结点。

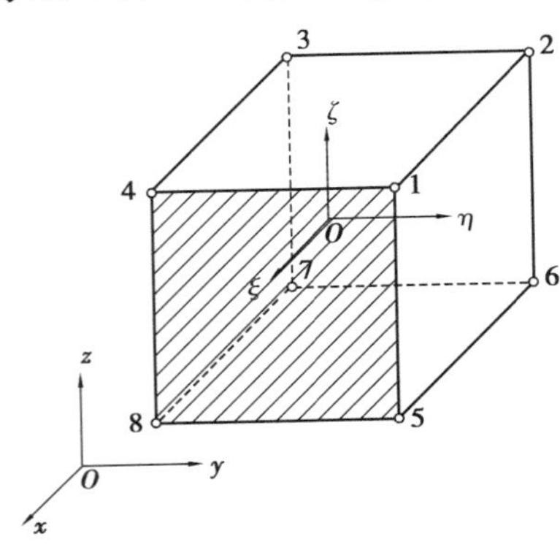

图 4.8　8 结点六面体单元

(1)单元位移模式

参照图 4.4 的 Pascal 三角锥,首先选择完全一次多项式,共有 4 个参数。其次由二次及以上的项中进行选择,由于单元各棱边各有 2 个结点,按照单元的收敛性要求,选择对各个坐标均为一次的 3 项 xy, yz, zx 和三次项中的 xyz 这一项。因此,单元位移模式设为

$$\begin{aligned} u(x,y,z) &= a_1 + a_2x + a_3y + a_4z + a_5xy + a_6yz + a_7xz + a_8xyz \\ v(x,y,z) &= a_9 + a_{10}x + a_{11}y + a_{12}z + a_{13}xy + a_{14}yz + a_{15}xz + a_{16}xyz \\ w(x,y,z) &= a_{17} + a_{18}x + a_{19}y + a_{20}z + a_{21}xy + a_{22}yz + a_{23}xz + a_{24}xyz \end{aligned} \tag{4.41}$$

由式(4.41)可知,单元位移函数在各边界上均为 x,y,或 y,z,或 z,x 的一次方程。例如,在边界 1256 面(图 4.7),$z=$ 常数,单元位移函数 u 为 x,y 的一次方程。

$$u = b_1 + b_2x + b_3y + b_4xy$$

这表明在变形过程中,u 保持为平面,而该平面方程可由 4 个结点 1,2,5,6 唯一确定。因此可以说明,在变形过程中,六面体单元各个边界面与相邻单元保持变形协调。

单元结点位移列阵为

$$\boldsymbol{\delta}^e = \begin{Bmatrix} \boldsymbol{\delta}_1^e \\ \boldsymbol{\delta}_2^e \\ \boldsymbol{\delta}_3^e \\ \vdots \\ \boldsymbol{\delta}_8^e \end{Bmatrix} \tag{4.42}$$

式中

$$\boldsymbol{\delta}_i^e = \begin{Bmatrix} u_i \\ v_i \\ w_i \end{Bmatrix} \qquad (i = 1,2,3,\cdots,8)$$

单元等效力列阵可表示为

$$\boldsymbol{F}^e = \begin{Bmatrix} \boldsymbol{F}_1^e \\ \boldsymbol{F}_2^e \\ \vdots \\ \boldsymbol{F}_8^e \end{Bmatrix} \tag{4.43}$$

式中

$$\boldsymbol{F}_i^e = \begin{Bmatrix} F_{ix}^e \\ F_{iy}^e \\ F_{iz}^e \end{Bmatrix} \qquad (i = 1,2,\cdots,8)$$

(2)局部坐标

根据六面体单元的几何特性,为便于运算,引入无量纲局部坐标系

$$\xi\eta\zeta(-1 \leqslant \xi,\eta,\zeta \leqslant 1)$$

如图 4.9 所示。

$\xi\eta\zeta$ 与 xyz 坐标系之间的转换关系为

$$\left.\begin{aligned} x &= x_0 + a\xi \\ y &= y_0 + b\eta \\ z &= z_0 + c\eta \end{aligned}\right\} \qquad 和 \qquad \left.\begin{aligned} \xi &= \frac{x - x_0}{a} \\ \eta &= \frac{y - y_0}{b} \\ \zeta &= \frac{z - z_0}{c} \end{aligned}\right\} \tag{4.44}$$

式中

$$\left.\begin{aligned} x_0 &= \frac{x_1 + x_2}{2} = \frac{x_3 + x_4}{2} = \frac{x_5 + x_6}{2} = \frac{x_7 + x_8}{2} \\ y_0 &= \frac{y_1 + y_4}{2} = \frac{y_2 + y_3}{2} = \frac{x_6 + x_7}{2} = \frac{x_5 + x_8}{2} \\ z_0 &= \frac{z_1 + z_5}{2} = \frac{z_2 + z_6}{2} = \frac{z_3 + z_7}{2} = \frac{z_4 + z_8}{2} \end{aligned}\right\}$$

为六面体形心位置坐标。

根据复合函数微分法则,由式(3.38),式(3.39)可得

$$\left.\begin{aligned} \frac{\partial}{\partial x} &= \frac{\partial}{\partial \xi}\frac{\partial \xi}{\partial x} + \frac{\partial}{\partial \eta}\frac{\partial \eta}{\partial x} + \frac{\partial}{\partial \zeta}\frac{\partial \zeta}{\partial x} = \frac{\partial}{\partial \xi}\frac{1}{a} \\ \frac{\partial}{\partial y} &= \frac{\partial}{\partial \xi}\frac{\partial \xi}{\partial y} + \frac{\partial}{\partial \eta}\frac{\partial \eta}{\partial y} + \frac{\partial}{\partial \zeta}\frac{\partial \zeta}{\partial y} = \frac{\partial}{\partial \eta}\frac{1}{b} \\ \frac{\partial}{\partial z} &= \frac{\partial}{\partial \xi}\frac{\partial \xi}{\partial z} + \frac{\partial}{\partial \eta}\frac{\partial \eta}{\partial z} + \frac{\partial}{\partial \zeta}\frac{\partial \zeta}{\partial z} = \frac{\partial}{\partial \eta}\frac{1}{c} \end{aligned}\right\} \tag{4.45}$$

$$\left.\begin{aligned} dx &= \frac{\partial x}{\partial \xi}d\xi + \frac{\partial x}{\partial \eta}d\eta + \frac{\partial x}{\partial \zeta}d\zeta = a d\xi \\ dy &= \frac{\partial y}{\partial \xi}d\xi + \frac{\partial y}{\partial \eta}d\eta + \frac{\partial y}{\partial \zeta}d\zeta = b d\eta \\ dz &= \frac{\partial z}{\partial \xi}d\xi + \frac{\partial z}{\partial \eta}d\eta + \frac{\partial z}{\partial \zeta}d\zeta = c d\zeta \end{aligned}\right\} \tag{4.46}$$

于是,通过坐标变换,任意六面体单元均可变换为边长 $2\times2\times2$ 的正六面体单元,如图 4.9所示。单元位移形函数的构造将在局部坐标系 $\xi\eta\zeta$ 中进行,而此形函数可映射到整体结构中所有六面体单元。

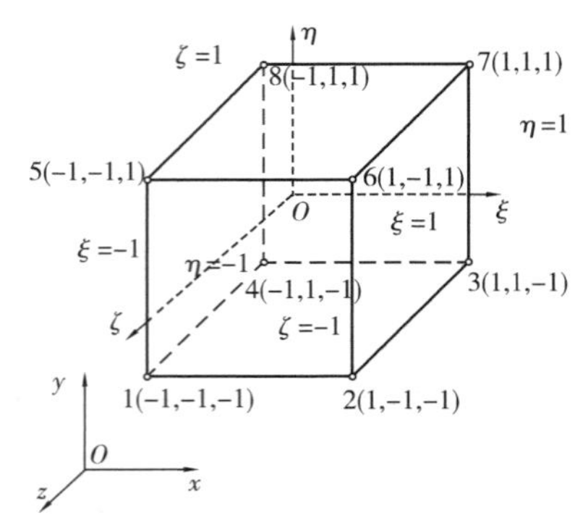

图 4.9　局部坐标系下 8 结点六面体单元

(3)单元形函数

单元插值函数可以表示为

$$u = \sum_{i=1}^{8} N_i u_i \quad v = \sum_{i=1}^{8} N_i v_i \quad w = \sum_{i=1}^{8} N_i w_i \tag{4.47}$$

写成矩阵形式,则有

$$\boldsymbol{u} = \begin{Bmatrix} u \\ v \\ w \end{Bmatrix} = \boldsymbol{N}\boldsymbol{\delta}^e \tag{4.48}$$

式中

$$\boldsymbol{N} = [\boldsymbol{N}_1 \quad \boldsymbol{N}_2 \quad \cdots \quad \boldsymbol{N}_8]$$

其子矩阵为

$$\boldsymbol{N}_i = \begin{bmatrix} N_i & 0 & 0 \\ 0 & N_i & 0 \\ 0 & 0 & N_i \end{bmatrix} \qquad (i = 1,2,\cdots,8)$$

采用划面法构造形函数 N_1,设

$$N_1 = c(\xi - 1)(\eta - 1)(\zeta - 1)$$

式中包含了 2 367 面、3 478 面和 5 678 面的平面方程,故$(N_1)|_{2\sim8} = 0$。

由$(N_1)|_1 = 1$,得 $c = \frac{1}{8}$,代入式(4.50)得

式中

$$
\boldsymbol{D} = \frac{E(1-\mu)}{(1+\mu)(1-2\mu)}\begin{bmatrix} 1 & \frac{\mu}{1-\mu} & 0 & \frac{\mu}{1-\mu} \\ \frac{\mu}{1-\mu} & 1 & 0 & \frac{\mu}{1-\mu} \\ 0 & 0 & \frac{1-2\mu}{2(1-\mu)} & 0 \\ \frac{\mu}{1-\mu} & \frac{\mu}{1-\mu} & 0 & 1 \end{bmatrix} \tag{4.66}
$$

▶ 4.3.2 轴对称单元

采用有限单元法求解时,一般采用的单元是轴对称的整圆环,它们的横截面(与 rz 轴相交的截面)一般采用三角形,例如图 4.12 中的△ijm,也可以是其他类型的单元。为了简便起见,这里只讨论三角形单元。各个单元之间系用圆环性的铰相互连接,而每个铰与 rz 面的交点就是结点,例如 i,j,m 等。这样,各单元将在 rz 面上形成三角形网格,就像平面问题中各三角形单元在 xy 面上形成的网格一样。

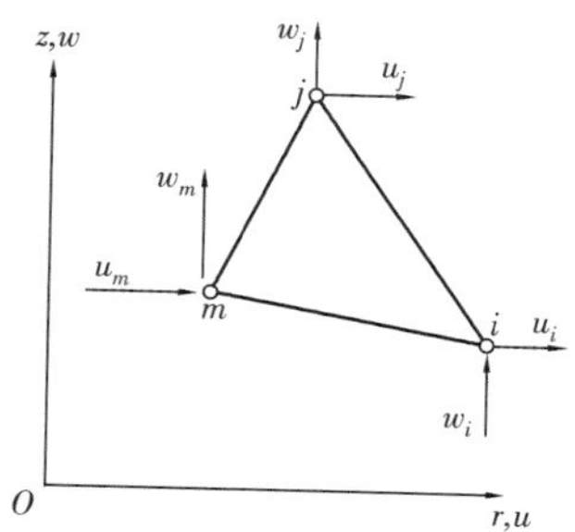

图 4.12 轴对称问题三角形环单元

(1)单元位移模式

仿照平面问题,取线性位移模式

$$
\begin{aligned} u &= a_1 + a_2 r + a_3 z \\ w &= a_4 + a_5 r + a_6 z \end{aligned} \tag{4.67}
$$

得到与平面问题中相似的插值函数,即

$$
\left.\begin{aligned} u &= N_i u_i + N_j u_j + N_m u_m \\ w &= N_i w_i + N_j w_j + N_m w_m \end{aligned}\right\} \tag{4.68}
$$

式中

$$
N_i = \frac{1}{2}(\alpha_i + \beta_i r + \gamma_i z) \quad (i = i,j,m)
$$

$$
\alpha_i = r_i z_m, \beta_i = z_j - z_m, \gamma_i = r_m - r_j \quad (i = i,j,m) \tag{4.69}
$$

而

$$A = \frac{1}{2}\begin{vmatrix} 1 & r_i & z_i \\ 1 & r_j & z_j \\ 1 & r_m & z_m \end{vmatrix}$$

插值函数式(4.55)可以写成矩阵形式

$$\boldsymbol{u} = \boldsymbol{N}\boldsymbol{\delta}^e \tag{4.70}$$

式中

$$\boldsymbol{u} = \begin{Bmatrix} u \\ v \end{Bmatrix}$$

$$\boldsymbol{\delta}^e = \begin{Bmatrix} \boldsymbol{\delta}_i^e \\ \boldsymbol{\delta}_j^e \\ \boldsymbol{\delta}_m^e \end{Bmatrix}$$

$$\boldsymbol{\delta}_i^e = \begin{Bmatrix} u_i \\ w_i \end{Bmatrix} \quad (i = i,j,m)$$

(2)应力应变

将式(4.55)代入轴对称问题的几何方程,得出用结点位移表示单元应变的表达式

$$\boldsymbol{\varepsilon} = \begin{Bmatrix} \varepsilon_r \\ \varepsilon_\theta \\ \varepsilon_z \\ \gamma_{zr} \end{Bmatrix} = \begin{Bmatrix} \dfrac{\partial u}{\partial r} \\ \dfrac{u}{r} \\ \dfrac{\partial w}{\partial z} \\ \dfrac{\partial w}{\partial r} + \dfrac{\partial u}{\partial z} \end{Bmatrix} = \frac{1}{2A}\begin{bmatrix} \beta_i & 0 & \beta_j & 0 & \beta_m & 0 \\ f_i & 0 & f_i & 0 & f_m & 0 \\ 0 & \gamma_i & 0 & \gamma_j & 0 & \gamma_m \\ \gamma_i & \beta_i & \gamma_j & \beta_j & \gamma_m & \beta_m \end{bmatrix}\begin{Bmatrix} u_i \\ w_i \\ u_j \\ w_j \\ u_m \\ w_m \end{Bmatrix} \tag{4.71}$$

其中

$$f_i = \frac{\alpha_i}{r} + \beta_i + \frac{\gamma_i z}{r} \quad (i,j,m) \tag{4.72}$$

式(4.61)简写为

$$\boldsymbol{\varepsilon} = [\boldsymbol{B}_i \quad \boldsymbol{B}_j \quad \boldsymbol{B}_m]\boldsymbol{\delta}^e = \boldsymbol{B}\boldsymbol{\delta}^e \tag{4.73}$$

其中

$$\boldsymbol{B}_i = \frac{1}{2A}\begin{bmatrix} \beta_i & 0 \\ f_i & 0 \\ 0 & \gamma_i \\ \gamma_i & \beta_i \end{bmatrix} \quad (i,j,m) \tag{4.74}$$

由式(4.64)可见,应变分量 $\varepsilon_r, \varepsilon_z, \gamma_{zr}$,在单元中是常量,但环向正应变 ε_θ 不是常量,因为它与公式所示的各个 f_i 有关,而各个 f_i 是坐标 r 和 z 的函数。为了简化计算,也为了消除对称轴上由 $r=0$ 所引起奇异性的麻烦,把每个单元中的 r 及 z 近似地用单元中心点的坐标代替,

取为

$$r = \bar{r} = \frac{1}{3}(r_i + r_j + r_m), z = \bar{z} = \frac{1}{3}(z_i + z_j + z_m) \tag{4.75}$$

这样也就把各个单元近似地当作常应变单元

单元中的应力表示成为

$$\boldsymbol{\sigma} = \boldsymbol{D\varepsilon} = \boldsymbol{DB\delta}^e = \boldsymbol{S\delta}^e \tag{4.76}$$

则应力矩阵可以表示为

$$\boldsymbol{S} = \boldsymbol{DB} = [\boldsymbol{S}_i \quad \boldsymbol{S}_j \quad \boldsymbol{S}_m] \tag{4.77}$$

其中

$$\boldsymbol{S}_i = \frac{E(1-\mu)}{2(1+\mu)(1-2\mu)}\begin{bmatrix} \beta_i + \varphi_1 f_i & \varphi_1 \gamma_i \\ \varphi_1 \beta_i + f_i & \varphi_1 \gamma_i \\ \varphi_1(\beta_i + f_i) & \gamma_i \\ \varphi_2 \gamma_i & \varphi_2 \beta_i \end{bmatrix} \quad (i,j,m)$$

式中

$$\varphi_1 = \frac{\mu}{1-\mu}, \varphi_2 = \frac{1-2\mu}{2(1-\mu)}$$

(3)单元刚度矩阵

建立单元刚度矩阵时,为了避免非常复杂的积分运算,也将采用简化问题的公式。这样,每个单元中的应变及应力都成为常量,则轴对称问题的单元刚度矩阵为

$$\boldsymbol{k} = \iiint_V \boldsymbol{B}^{\mathrm{T}}\boldsymbol{DB}\mathrm{d}V = 2\pi\bar{r}A\boldsymbol{B}^{\mathrm{T}}\boldsymbol{DB} \tag{4.78}$$

将单元刚度矩阵写成分块形式

$$\boldsymbol{k} = \begin{bmatrix} \boldsymbol{k}_{ii} & \boldsymbol{k}_{ij} & \boldsymbol{k}_{im} \\ \boldsymbol{k}_{ji} & \boldsymbol{k}_{jj} & \boldsymbol{k}_{jm} \\ \boldsymbol{k}_{mi} & \boldsymbol{k}_{mj} & \boldsymbol{k}_{mm} \end{bmatrix}$$

其中,

$$\boldsymbol{k}_{rs} = \frac{\pi E(1-\mu)\bar{r}}{2(1+\mu)(1-2\mu)A}\begin{bmatrix} \beta_r\beta_s + f_r f_s + \varphi_1(\beta_r f_s + f_r\beta_s) + \varphi_2\gamma_r\gamma_s & \varphi_1(\beta_r\gamma_s + f_r\gamma_s) + \varphi_2\gamma_r\beta_s \\ \varphi_1(\gamma_r\beta_s + \gamma_r f_s) + \varphi_2\beta_r\gamma_s & \gamma_r\gamma_s + \varphi_2\beta_r\beta_s \end{bmatrix}$$

$$(r = i,j,m \quad s = i,j,m) \tag{4.79}$$

(4)单元等效结点荷载

对于单元体力 $\boldsymbol{f} = [f_r \quad f_z]^{\mathrm{T}}$,单元结点荷载列阵为

$$\boldsymbol{F}_L^e = \int_V \boldsymbol{N}^{\mathrm{T}}\boldsymbol{f}\mathrm{d}V = 2\pi\iint_A \boldsymbol{N}^{\mathrm{T}}\boldsymbol{f}r\mathrm{d}r\mathrm{d}z \tag{4.80}$$

对于分布面力 $\bar{\boldsymbol{f}} = [\bar{f}_r \quad \bar{f}_z]^{\mathrm{T}}$,单元结点荷载列阵为

$$\boldsymbol{F}_L^e = \int_{S_\sigma} \boldsymbol{N}^{\mathrm{T}}\bar{\boldsymbol{f}}\mathrm{d}A = 2\pi\int_l \boldsymbol{N}^{\mathrm{T}}\bar{\boldsymbol{f}}r\mathrm{d}s \tag{4.81}$$

【例 4.1】 在体力为自重的情况下，有 $f_r=0$ 而 $f_z=-\rho$，其中 ρg 是容重。于是有

$$\boldsymbol{F}_L^e = 2\pi\iint_A \begin{bmatrix} N_i & 0 & N_j & 0 & N_m & 0 \\ 0 & N_i & 0 & N_j & 0 & N_m \end{bmatrix}^{\mathrm{T}} \begin{Bmatrix} 0 \\ -\rho \end{Bmatrix} r\mathrm{d}r\mathrm{d}z \tag{a}$$

$$= -2\pi\rho\iint_A [0 \quad N_i \quad 0 \quad N_j \quad 0 \quad N_m]^{\mathrm{T}} r\mathrm{d}r\mathrm{d}z$$

和在平面问题中一样，可以利用面积坐标并建立关系式

$$r = r_iL_i + r_jL_j + r_mL_m \tag{b}$$

得到

$$\iint_A N_i r\mathrm{d}r\mathrm{d}z = \iint_A L_i(r_iL_i + r_jL_j + r_mL_m)\mathrm{d}r\mathrm{d}z$$

由积分公式，得到

$$\iint_A N_i r\mathrm{d}r\mathrm{d}z = r_i\frac{A}{6} + r_j\frac{A}{12} + r_m\frac{A}{12}$$

$$= \frac{A}{12}(2r_i + r_j + r_m) \qquad (i,j,m)$$

代入式(a)，即得

$$\boldsymbol{F}_L^e = -\frac{\pi rA}{6}[0 \quad 2r_i + r_j + r_m \quad 0 \quad 2r_j + r_m + r_i \quad 0 \quad 2r_m + r_i + r_j]^{\mathrm{T}}$$

如果单元离对称轴较远，可以认为 r_i,r_j,r_m 大致相等，则由上式得出简单的结果：可将1/3自重移置到每个结点。

【例 4.2】 设在 ij 边作用线性分布的径向面力，如图 4.13 所示，则有 $\overline{f}_r=qL_i$，$\overline{f}_z=0$，于是由上式可得

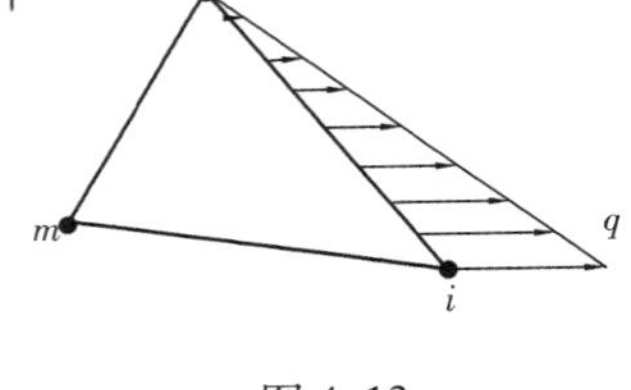

图 4.13

$$\boldsymbol{F}_L^e = 2\pi\int_l \begin{bmatrix} N_i & 0 & N_j & 0 & N_m & 0 \\ 0 & N_i & 0 & N_j & 0 & N_m \end{bmatrix}^{\mathrm{T}} \begin{Bmatrix} qL_i \\ 0 \end{Bmatrix} r\mathrm{d}s$$

$$= 2\pi q\int_l [N_i \quad 0 \quad N_j \quad 0 \quad N_m \quad 0]^{\mathrm{T}} L_i r\mathrm{d}s$$

$$= 2\pi q\int_l [L_i \quad 0 \quad L_j \quad 0 \quad L_m \quad 0]^{\mathrm{T}} L_i r\mathrm{d}s$$

将式(b)代入，并注意 ij 的边上 $L_m=0$，即由上式可得

$$\boldsymbol{F}_L^e = 2\pi q\int_l [r_iL_i^3 + r_jL_i^3L_j \quad 0 \quad r_jL_i^2L_j + r_jL_iL_j^2 \quad 0 \quad 0 \quad 0]^{\mathrm{T}}\mathrm{d}s$$

应用积分公式，即得

$$\boldsymbol{F}_L^e = \frac{\pi ql}{6}[3r_i + r_j \quad 0 \quad r_j + r_j \quad 0 \quad 0 \quad 0]^{\mathrm{T}} \tag{c}$$

如果单元离对称轴较远，可认为 r_i 与 r_j 大致相等，则由上式得出简单的结果：可将面力合力的 2/3 移置到结点 i，1/3 移置到结点 j。

有了单元刚度矩阵和单元荷载列阵的计算公式，就可按照前述方法装配得到整体刚度矩阵和整体荷载列阵。

$$\left.\begin{aligned} x &= \frac{x_1}{4}(1-\xi)(1-\eta) + \frac{x_2}{4}(1+\xi)(1-\eta) + \\ &\quad \frac{x_3}{4}(1+\xi)(1+\eta) + \frac{x_4}{4}(1-\xi)(1+\eta) \\ y &= \frac{y_1}{4}(1-\xi)(1-\eta) + \frac{y_2}{4}(1+\xi)(1-\eta) + \\ &\quad \frac{y_3}{4}(1+\xi)(1+\eta) + \frac{y_4}{4}(1-\xi)(1+\eta) \end{aligned}\right\} \tag{a}$$

在式(a)中令 $\xi=1$,得

$$\left.\begin{aligned} x &= \frac{x_2}{2}(1-\eta) + \frac{x_3}{2}(1+\eta) \\ y &= \frac{y_2}{2}(1-\eta) + \frac{y_3}{2}(1+\eta) \end{aligned}\right\} \tag{b}$$

消去 η,得

$$\frac{2x-(x_2+x_3)}{x_3-x_2} = \frac{2y-(y_2+y_3)}{y_3-y_2}$$

即

$$\frac{x-x_2}{x_3-x_2} = \frac{y-y_2}{y_3-y_2} \tag{c}$$

式(c)即为 xy 平面内通过结点 2,3 的直线方程。同理,可以推得任意四边形子单元其他 3 条边与母单元中 $\xi=-1$, $\eta=\pm1$ 边一一对应,且子单元形心与母单元形心对应。

采用坐标变换式(5.4)后, xy 平面内任意的四边形单元都可以映射成 $\xi\eta$ 平面上的正方形母单元。且直线仍映射为直线,仅其长度和位置发生了转化,故称该种变换为线性变换,子单元为线性等参元。

(3)单元刚度矩阵

将式(5.2)代入平面问题的几何方程,得到单元的应变

$$\boldsymbol{\varepsilon} = \begin{Bmatrix} \varepsilon_x \\ \varepsilon_y \\ \gamma_{xy} \end{Bmatrix} = \begin{Bmatrix} \dfrac{\partial u}{\partial x} \\ \dfrac{\partial v}{\partial y} \\ \dfrac{\partial u}{\partial y} + \dfrac{\partial v}{\partial x} \end{Bmatrix} = \boldsymbol{B}\boldsymbol{\delta}^e \tag{5.6}$$

式中,$\boldsymbol{B}$ 为几何矩阵

$$\boldsymbol{B} = [\boldsymbol{B}_1 \quad \boldsymbol{B}_2 \quad \boldsymbol{B}_3 \quad \boldsymbol{B}_4] \tag{5.7a}$$

$$\boldsymbol{B}_i = \begin{bmatrix} \dfrac{\partial N_i}{\partial x} & 0 \\ 0 & \dfrac{\partial N_i}{\partial y} \\ \dfrac{\partial N_i}{\partial y} & \dfrac{\partial N_i}{\partial x} \end{bmatrix} \quad (i=1,2,3,4) \tag{5.7b}$$

由于形函数 N_i 为局部坐标($\xi\eta$)的函数,所以根据复合函数求导法则可得

$$\left.\begin{aligned}\frac{\partial N_i}{\partial \xi} &= \frac{\partial N_i}{\partial x}\frac{\partial x}{\partial \xi} + \frac{\partial N_i}{\partial y}\frac{\partial y}{\partial \xi}\\ \frac{\partial N_i}{\partial \eta} &= \frac{\partial N_i}{\partial x}\frac{\partial x}{\partial \eta} + \frac{\partial N_i}{\partial y}\frac{\partial y}{\partial \eta}\end{aligned}\right\}\quad (i = 1,2,3,4) \tag{5.8}$$

或用矩阵表示为

$$\begin{Bmatrix}\dfrac{\partial N_i}{\partial \xi}\\ \dfrac{\partial N_i}{\partial \eta}\end{Bmatrix} = \begin{bmatrix}\dfrac{\partial x}{\partial \xi} & \dfrac{\partial y}{\partial \xi}\\ \dfrac{\partial x}{\partial \eta} & \dfrac{\partial y}{\partial \eta}\end{bmatrix}\begin{Bmatrix}\dfrac{\partial N_i}{\partial x}\\ \dfrac{\partial N_i}{\partial y}\end{Bmatrix} = \boldsymbol{J}\begin{Bmatrix}\dfrac{\partial N_i}{\partial x}\\ \dfrac{\partial N_i}{\partial y}\end{Bmatrix}\quad (i = 1,2,3,4) \tag{5.9}$$

式中,$\boldsymbol{J}$ 为雅克比矩阵

$$\boldsymbol{J} = \begin{bmatrix}\dfrac{\partial x}{\partial \xi} & \dfrac{\partial y}{\partial \xi}\\ \dfrac{\partial x}{\partial \eta} & \dfrac{\partial y}{\partial \eta}\end{bmatrix} \tag{5.10}$$

其元素可以利用坐标变换式(5.5)计算得到,即

$$\boldsymbol{J} = \begin{bmatrix}\dfrac{\partial x}{\partial \xi} & \dfrac{\partial y}{\partial \xi}\\ \dfrac{\partial x}{\partial \eta} & \dfrac{\partial y}{\partial \eta}\end{bmatrix} = \begin{bmatrix}\sum\limits_{i=1}^{4}\dfrac{\partial N_i}{\partial \xi}x_i & \sum\limits_{i=1}^{4}\dfrac{\partial N_i}{\partial \xi}y_i\\ \sum\limits_{i=1}^{4}\dfrac{\partial N_i}{\partial \eta}x_i & \sum\limits_{i=1}^{4}\dfrac{\partial N_i}{\partial \eta}y_i\end{bmatrix} \tag{5.11}$$

将式(5.9)两边左乘以雅可比矩阵的逆矩阵 $\boldsymbol{J}^{-1}$ 可以得到

$$\begin{Bmatrix}\dfrac{\partial N_i}{\partial x}\\ \dfrac{\partial N_i}{\partial y}\end{Bmatrix} = \boldsymbol{J}^{-1}\begin{Bmatrix}\dfrac{\partial N_i}{\partial \xi}\\ \dfrac{\partial N_i}{\partial \eta}\end{Bmatrix}\quad (i = 1,2,3,4) \tag{5.12}$$

式中

$$\boldsymbol{J}^{-1} = \frac{1}{|\boldsymbol{J}|}\begin{bmatrix}\dfrac{\partial y}{\partial \eta} & -\dfrac{\partial y}{\partial \xi}\\ -\dfrac{\partial x}{\partial \eta} & \dfrac{\partial x}{\partial \xi}\end{bmatrix} \tag{5.13}$$

其中,$|\boldsymbol{J}|$ 为 $\boldsymbol{J}$ 的行列式

$$|\boldsymbol{J}| = \frac{\partial x}{\partial \xi}\frac{\partial y}{\partial \eta} - \frac{\partial y}{\partial \xi}\frac{\partial x}{\partial \eta} \tag{5.14}$$

将式(5.5)代入平面问题的物理方程,得到单元的应力

$$\boldsymbol{\sigma} = \boldsymbol{D\varepsilon} = \boldsymbol{DB\delta}^e = \boldsymbol{S\delta}^e \tag{5.15}$$

式中　$\boldsymbol{S}$——单元应力矩阵。

参照式(2.32),根据最小势能原理,单元刚度矩阵可表示为

$$\boldsymbol{k} = t\iint_A \boldsymbol{B}^{\mathrm{T}}\boldsymbol{DB}\,\mathrm{d}x\mathrm{d}y \tag{5.16}$$

式(5.16)中,被积函数是局部坐标 ξ 和 η 的函数,应对积分元进行变换。

设 $\boldsymbol{i}$,$\boldsymbol{j}$ 分别为整体坐标 x,y 方向的单位向量,$\mathrm{d}\boldsymbol{\xi}$,$\mathrm{d}\boldsymbol{\eta}$ 分别为局部坐标 ξ,η 在整体坐标系下的微元向量,可表示为

$$\begin{cases} \mathrm{d}\boldsymbol{\xi} = \dfrac{\partial x}{\partial \xi}\mathrm{d}\xi\boldsymbol{i} + \dfrac{\partial y}{\partial \xi}\mathrm{d}\xi\boldsymbol{j} \\ \mathrm{d}\boldsymbol{\eta} = \dfrac{\partial x}{\partial \eta}\mathrm{d}\eta\boldsymbol{i} + \dfrac{\partial y}{\partial \eta}\mathrm{d}\eta\boldsymbol{j} \end{cases} \tag{d}$$

在整体坐标系中,由 $\mathrm{d}\boldsymbol{\xi}$ 及 $\mathrm{d}\boldsymbol{\eta}$ 所组成的微元面积为

$$\mathrm{d}A = \mathrm{d}x\mathrm{d}y = |\mathrm{d}\xi \times \mathrm{d}\eta| \tag{e}$$

$$\mathrm{d}A = \begin{vmatrix} \dfrac{\partial x}{\partial \xi}\mathrm{d}\xi & \dfrac{\partial y}{\partial \xi}\mathrm{d}\xi \\ \dfrac{\partial x}{\partial \eta}\mathrm{d}\eta & \dfrac{\partial y}{\partial \eta}\mathrm{d}\eta \end{vmatrix} = |\boldsymbol{J}|\mathrm{d}\xi\mathrm{d}\eta \tag{5.17}$$

故式(5.16)可以写为如下形式

$$\boldsymbol{k} = t\int_{-1}^{1}\int_{-1}^{1}\boldsymbol{B}^{\mathrm{T}}\boldsymbol{D}\boldsymbol{B}\,|\boldsymbol{J}|\,\mathrm{d}\xi\mathrm{d}\eta \tag{5.18}$$

式(5.18)的被积函数是局部坐标($\xi\eta$)的函数,难以得到显式表达。所以,等参单元刚度矩阵的积分计算一般采用数值积分计算。

(4)单元等效结点载荷

设 $\boldsymbol{F}_L^e$ 为单元等效荷载列阵,其子块为

$$\boldsymbol{F}_L^e = [\boldsymbol{F}_{L1}^e \quad \boldsymbol{F}_{L2}^e \quad \boldsymbol{F}_{L3}^e \quad \boldsymbol{F}_{L4}^e]^{\mathrm{T}}$$

式中

$$\boldsymbol{F}_{Li}^e = [F_{Lix}^e \quad F_{Liy}^e]^{\mathrm{T}}$$

参照式(2.45),由虚功原理可得

$$\boldsymbol{F}_L^e = t\iint_{\Omega}\boldsymbol{N}^{\mathrm{T}}\boldsymbol{f}\mathrm{d}S + t\int_{S\sigma}\boldsymbol{N}\bar{\boldsymbol{f}}t\mathrm{d}s \tag{5.19}$$

式中 $\boldsymbol{f}$——单元体力;

$\bar{\boldsymbol{f}}$——单元面力。

由于 $\mathrm{d}x\mathrm{d}y = |\boldsymbol{J}|\mathrm{d}\xi\mathrm{d}\eta$,故

$$\boldsymbol{F}_L^e = \int_{-1}^{1}\int_{-1}^{1}\boldsymbol{N}\boldsymbol{f}t\,|J|\,\mathrm{d}\xi\mathrm{d}\eta + \int_{S\sigma}\boldsymbol{N}\bar{\boldsymbol{f}}t\mathrm{d}s \tag{5.20}$$

对于式(5.20)中面积微元 $\mathrm{d}s$,例如在 $\xi = c$(常数)的曲线上,$\mathrm{d}\eta$ 在整体坐标内的线段微元的长度为

$$\mathrm{d}s = \left[\left(\frac{\partial x}{\partial \eta}\right)^2 + \left(\frac{\partial y}{\partial \eta}\right)^2\right]^{\frac{1}{2}}\mathrm{d}\eta = s\mathrm{d}\eta$$

其他边界上的 $\mathrm{d}s$ 可以通过轮换 ξ,η 得到。

当所给表面力沿曲边的法向和切向时,即 $\bar{\boldsymbol{f}} = [\sigma \quad \tau]^{\mathrm{T}}$ 时,可将式(5.20)中的第一类曲线积分化为第二类曲线积分形式

$$F_{Li}^e = \begin{Bmatrix} F_{Lix}^e \\ F_{Liy}^e \end{Bmatrix} = \int_{S_\sigma} N_i \begin{Bmatrix} \tau \mathrm{d}x + \sigma \mathrm{d}y \\ \tau \mathrm{d}y - \sigma \mathrm{d}x \end{Bmatrix} t \tag{5.21}$$

其中规定 σ 沿外法向为正，τ 以沿单元边界前进使单元保持在左侧为正。

式(5.20)一般采用高斯积分法计算。

下面分析如图 5.4 所示的表面力计算方法。

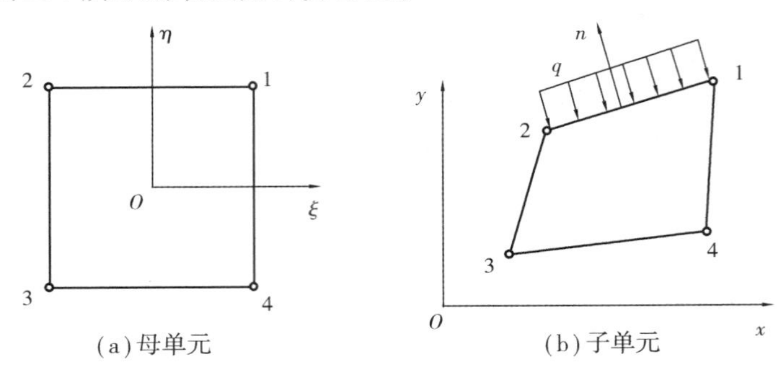

图 5.4　4 结点四边形等参元表面力计算

由于表面力 q 所在的边对应于 $\eta=1$ 的边界，设 $\boldsymbol{n}$ 为该边界外法线 n 在整体坐标系的方向向量，$\bar{\boldsymbol{f}}_n$ 为外法线表面力在整体坐标系的向量，则

$$\boldsymbol{n} = \frac{1}{\sqrt{\left(\frac{\partial x}{\partial \xi}\right)^2 + \left(\frac{\partial y}{\partial \xi}\right)^2}} \begin{bmatrix} -\frac{\partial y}{\partial \xi} & \frac{\partial x}{\partial \xi} \end{bmatrix}^{\mathrm{T}} \tag{f}$$

因为规定压力为正，拉力为负，则当表面力为压力时，压力方向与外法线方向相反，因此，表面力可以表示为

$$\bar{\boldsymbol{f}}_n = \begin{Bmatrix} \bar{f}_{nx} \\ \bar{f}_{ny} \end{Bmatrix} = -q\boldsymbol{n} = \frac{-q}{\sqrt{\left(\frac{\partial x}{\partial \xi}\right)^2 + \left(\frac{\partial y}{\partial \xi}\right)^2}} \begin{bmatrix} -\frac{\partial y}{\partial \xi} & \frac{\partial x}{\partial \xi} \end{bmatrix}^{\mathrm{T}} \tag{g}$$

而式(5.20)微元为

$$\mathrm{d}s = \sqrt{\left(\frac{\partial x}{\partial \xi}\right)^2 + \left(\frac{\partial x}{\partial \xi}\right)^2}\,\mathrm{d}\xi \tag{h}$$

将式(g)、式(h)带入式(5.20)，则可得到单元表面力的等效结点荷载

$$\boldsymbol{F}_L^e = -t\int_{-1}^{1} N^{\mathrm{T}} q \begin{Bmatrix} -\frac{\partial y}{\partial \xi} \\ \frac{\partial x}{\partial \xi} \end{Bmatrix} \mathrm{d}\xi \tag{i}$$

因为假定作用的表面力所在的边对应于 $\eta=1$ 的边，所以积分只沿 $\eta=1$ 的边(相当于实际单元的 12 边)。这时 N_3，N_4 等于零，且 N_1，N_2 中的 $\eta=1$，计算结果为只在结点 1,2 上产生等效结点荷载。

当表面力作用在单元的其他边上时，同时可以得到相应的计算公式。

【例 5.1】　计算图 5.5 所示单元的表面力的等效结点荷载(假定单元厚度为 t)。

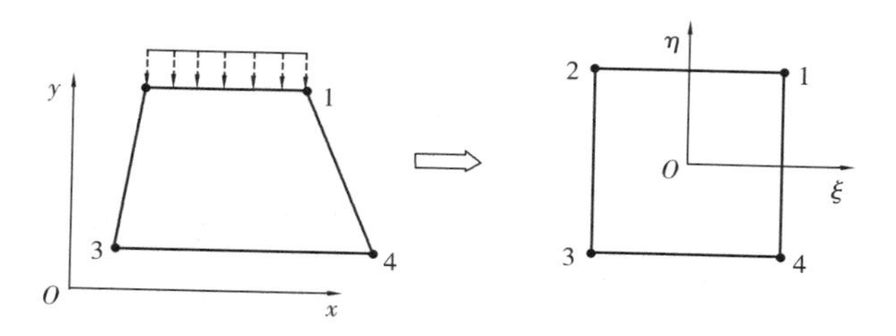

图 5.5 等参元表面力等效荷载计算

【解】 对于图 5.5 所示情况,表面力的等效结点荷载可按式(5.21)计算。

因为积分只沿 $\eta=1$ 的边进行,在该边上 $N_3=N_4=0$,所以根据式(5.4),在边 12 上有

$$x = N_1x_1 + N_2x_2$$
$$y = N_1y_1 + N_2y_2$$

进而

$$\frac{\partial x}{\partial \xi} = \frac{1}{2}(x_1 - x_2) = \frac{l_{12}}{2}$$
$$\frac{\partial y}{\partial \xi} = \frac{1}{2}(y_1 - y_2) = 0$$

将$\frac{\partial x}{\partial \xi}$,$\frac{\partial y}{\partial \xi}$代入式(5.21),则表面力的等效结点荷载为

$$\boldsymbol{F}_q = -t\int_{-1}^{1}\boldsymbol{N}^{\mathrm{T}}q\begin{pmatrix}-\frac{\partial y}{\partial \xi}\\ \frac{\partial x}{\partial \xi}\end{pmatrix}\mathrm{d}\xi = -t\int_{-1}^{1}\boldsymbol{N}^{\mathrm{T}}q\begin{pmatrix}0\\ \frac{l_{12}}{2}\end{pmatrix}\mathrm{d}\xi$$

$$= \frac{-ql_{12}t}{2}\int_{-1}^{1}\begin{Bmatrix}0\\N_1\\0\\N_1\\0\\0\\0\\0\end{Bmatrix}_{\eta=1}\mathrm{d}\xi = \frac{-ql_{12}t}{2}\begin{Bmatrix}0\\1\\0\\1\\0\\0\\0\\0\end{Bmatrix}$$

式中,l_{12}是 12 边的长度。计算结果为将该边上的表面力平均分配到了该边的两个结点上。

结构整体方程的建立以及整体刚度矩阵 $\boldsymbol{K}$ 与整体结点荷载列阵 $\boldsymbol{F}_L$ 集成,前面已经详细介绍,不再赘述。

5.3 8 结点四边形平面等参单元

对于图 5.6(b)中为整体坐标 x,y 中的任意 8 结点曲边四边形单元,建立一个与此单元对

应的边长为 2 的 8 结点正立方体单元，并在其形心位置建立局部坐标系 ξ,η，如图 5.6(a)所示。将此单元作为母单元。

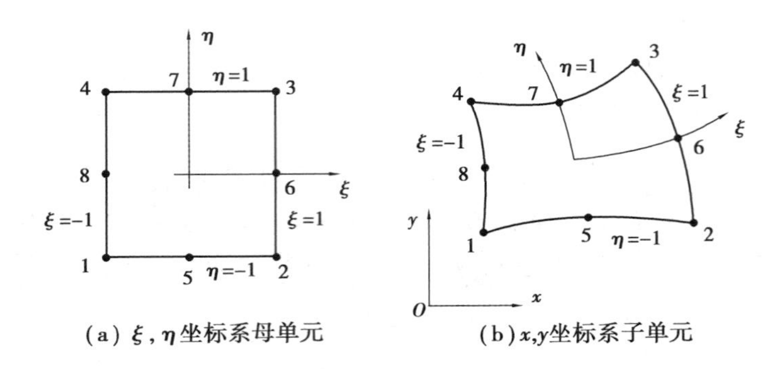

(a) ξ,η坐标系母单元　　(b) x,y坐标系子单元

图 5.6　8 结点四边形单元

(1)母单元位移模式

参照第 3.3.2 节分析，在局部坐标系中，单元位移模式可取为

$$\left.\begin{aligned} u &= a_1 + a_2\xi + a_3\eta + a_4\xi^2 + a_5\xi\eta + a_6\eta^2 + a_7\xi^2\eta + a_8\xi\eta^2 \\ u &= a_9 + a_{10}\xi + a_{11}\eta + a_{12}\xi^2 + a_{13}\xi\eta + a_{14}\eta^2 + a_{15}\xi^2\eta + a_{16}\xi\eta^2 \end{aligned}\right\} \tag{5.22}$$

显然，该单元为协调元。单元位移插值函数为

$$\left.\begin{aligned} u &= \sum_{i=1}^{8} N_i u_i \\ v &= \sum_{i=1}^{8} N_i v_i \end{aligned}\right\} \tag{5.23}$$

式中，$N_i(\xi,\eta)$为形函数，参照式(3.52)，可取为

$$\begin{aligned} N_i = {} & \frac{1}{4}(1 + \xi_i\xi)(1 + \eta_i\eta)(\xi_i\xi + \eta_i - 1)\xi_i^2\eta_i^2 + \\ & \frac{1}{2}(1 - \xi^2)(1 + \eta_i\eta)(1 - \xi^2)\eta_i^2 + \qquad (i = 1,2,3,\cdots,8) \\ & \frac{1}{2}(1 - \eta^2)(1 + \xi_i\xi)(1 - \eta^2)\xi_i^2 \end{aligned} \tag{5.24}$$

(2)等参坐标变换

如图 5.6(b)所示为整体坐标系的任意曲边四边形单元，同样设置 8 个结点，对两种坐标系采用下式进行变换：

$$\left.\begin{aligned} x &= \sum_{i=1}^{8} N_i x_i \\ y &= \sum_{i=1}^{8} N_i y_i \end{aligned}\right\} \tag{5.25}$$

式中，$N_i(\xi,\eta)$为位移插值函数中的形函数，由式(5.24)表示。

由式(5.25)可以看出，通过坐标变换，图 5.6(b)整体坐标 x,y 中的曲边四边形映射为图

5.6(a)局部坐标 ξ,η 中的正方形单元。曲边四边形的 4 个角点 1,2,3,4 与正方形的 4 个角点 1,2,3,4 一一对应,曲边四边形的 4 个边中点 5,6,7,8 与正方形的 4 个边中点 5,6,7,8 一一对应,曲边四边形中相应的点 (x,y) 与正方形中任意点 (ξ,η) 一一对应。

由位移函数(5.22)知,曲边四边形的每一条边界均为二次函数,可由该边界的 3 个结点唯一确定。因此,曲边四边形单元相应的二次曲线边界映射为正方形单元每一条直线边界,从而,图 5.3(b)中的曲边四边形单元一一对应的映射为图 5.6(a)中所示的正方形母单元。该曲边四边形单元称作子单元。

对于实际问题,可将弹性体划分为若干个 8 结点曲边四边形单元。由于各单元边界为二次曲线,因此,整个弹性体的边界近似地用若干段二次曲线来拟合。如此一来,与前述“以折代曲”的方法相比,能更好地适应各类复杂的边界。

(3)应变与应力

将式(5.23)代入平面问题的几何方程,得到单元的应变

$$\boldsymbol{\varepsilon} = \begin{Bmatrix} \varepsilon_x \\ \varepsilon_y \\ \gamma_{xy} \end{Bmatrix} = \begin{Bmatrix} \dfrac{\partial u}{\partial x} \\ \dfrac{\partial v}{\partial y} \\ \dfrac{\partial u}{\partial y} + \dfrac{\partial v}{\partial x} \end{Bmatrix} = \boldsymbol{B}\,\boldsymbol{\delta}^e \tag{5.26}$$

式中,$\boldsymbol{B}$ 为几何矩阵

$$\boldsymbol{B} = [\boldsymbol{B}_1 \quad \boldsymbol{B}_2 \quad \cdots \quad \boldsymbol{B}_8] \tag{5.27}$$

$$\boldsymbol{B}_i = \begin{bmatrix} \dfrac{\partial N_i}{\partial x} & 0 \\ 0 & \dfrac{\partial N_i}{\partial y} \\ \dfrac{\partial N_i}{\partial y} & \dfrac{\partial N_i}{\partial x} \end{bmatrix} \quad (i = 1,2,3,\cdots,8) \tag{5.28}$$

由于形函数 N_i 为局部坐标 ξ,η 的函数,由上一节分析,参照式(5.12)可知

$$\begin{Bmatrix} \dfrac{\partial N_i}{\partial x} \\ \dfrac{\partial N_i}{\partial y} \end{Bmatrix} = \boldsymbol{J}^{-1} \begin{Bmatrix} \dfrac{\partial N_i}{\partial \xi} \\ \dfrac{\partial N_i}{\partial \eta} \end{Bmatrix} \quad (i = 1,2,3,\cdots,8) \tag{5.29}$$

由式(5.25)可得整体坐标 x,y 对自然坐标的 ξ,η 偏导数

$$\left.\begin{aligned} \frac{\partial x}{\partial \xi} &= \sum_{i=1}^{8} \frac{\partial N_i}{\partial \xi} x_i \quad & \frac{\partial x}{\partial \eta} &= \sum_{i=1}^{8} \frac{\partial N_i}{\partial \eta} x_i \\ \frac{\partial y}{\partial \xi} &= \sum_{i=1}^{8} \frac{\partial N_i}{\partial \xi} y_i \quad & \frac{\partial y}{\partial \eta} &= \sum_{i=1}^{8} \frac{\partial N_i}{\partial \eta} y_i \end{aligned}\right\} \tag{5.30}$$

其中,$\dfrac{\partial N_i}{\partial \xi}$和$\dfrac{\partial N_i}{\partial \eta}$由式(5.2)求导可得

$$\left.\begin{aligned}\frac{\partial N_i}{\partial \xi} &= \frac{1}{4}(1+\eta_i\eta)(2\xi+\xi_i\eta_i\eta)\xi_i^2\eta_i^2 - \\ &\quad \xi(1+\eta_i\eta)(1-\xi_i^2)\eta_i^2 + \frac{1}{2}\xi_i(1-\eta^2)(1-\eta_i^2)\xi_i^2 \\ \frac{\partial N_i}{\partial \eta} &= \frac{1}{4}(1+\xi_i\xi)(2\eta+\eta_i\xi_i\xi)\eta_i^2\xi_i^2 - \\ &\quad \eta(1+\xi_i\xi)(1-\eta_i^2)\xi_i^2 + \frac{1}{2}\eta_i(1-\xi^2)(1-\xi_i^2)\eta_i^2\end{aligned}\right\} \tag{5.31}$$

将式(5.7)代入平面问题的物理方程,得到单元的应力

$$\boldsymbol{\sigma} = \boldsymbol{D\varepsilon} = \boldsymbol{DB\delta}^e = \boldsymbol{S\delta}^e$$

将上式中的应力矩阵 $\boldsymbol{S}$ 写成分块形式

$$\boldsymbol{S} = \boldsymbol{DB} = [\boldsymbol{S}_1 \quad \boldsymbol{S}_2 \quad \cdots \quad \boldsymbol{S}_8]$$

对于平面应力问题,各子块

$$\boldsymbol{S}_i = \frac{E}{1-\mu^2}\begin{bmatrix} \dfrac{\partial N_i}{\partial x} & \mu\dfrac{\partial N_i}{\partial y} \\ \mu\dfrac{\partial N_i}{\partial x} & \dfrac{\partial N_i}{\partial y} \\ \dfrac{1-\mu}{2}\dfrac{\partial N_i}{\partial y} & \dfrac{1-\mu}{2}\dfrac{\partial N_i}{\partial x}\end{bmatrix} \quad (i = 1,2,3,\cdots,8)$$

单元刚度矩阵和单元等效结点荷载可分别由式(5.18)和式(5.20)计算。

表5.1中给出了采用常应变三角形单元、矩形单元以及等参数单元计算如图5.7所示平面悬臂梁在两种荷载作用下的结果。可见,用1排矩形单元或2排三角形单元计算的误差还是相当大的,使用1排8结点等参数单元就可得到满意的计算结果。

表5.1 采用不同单元计算平面悬臂梁

计算结果 / 单元	A 点垂直力		AA′端面力偶	
	δ_A	σ_B	δ_A	σ_B
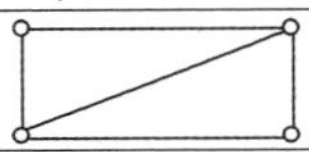 (矩形划分为2个三角形单元)	0.26	0.19	0.22	0.65
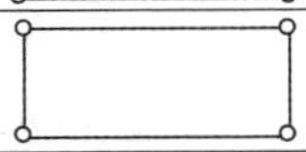 (4结点矩形单元)	0.63	0.56	0.67	0.67
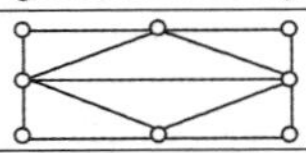 (2排三角形单元)	0.53	0.51	0.52	0.55
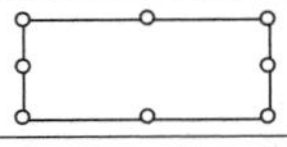 (8结点等参数单元)	0.99	0.99	1.00	1.00
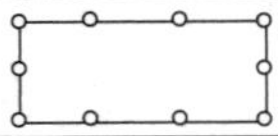 (12结点等参数单元)	1.00	1.00	1.00	1.00
精确值	1.00	1.00	1.00	1.00

$$\boldsymbol{\varepsilon} = \boldsymbol{B}\boldsymbol{\delta}^e \tag{5.39}$$

其中,$\boldsymbol{B}$——单元几何矩阵。

参照 2.2.5 节分析,根据最小势能原理可得到单元刚度矩阵计算公式,即

$$\boldsymbol{k} = \iiint_V \boldsymbol{B}^{\mathrm{T}}\boldsymbol{D}\boldsymbol{B}\,\mathrm{d}x\mathrm{d}y\mathrm{d}z \tag{5.40}$$

式中,$\boldsymbol{D}$ 为三维弹性矩阵:

$$\boldsymbol{D} = \frac{E(1-\mu)}{(1+\mu)(1-2\mu)}\begin{bmatrix} 1 & \frac{\mu}{1-\mu} & \frac{\mu}{1-\mu} & 0 & 0 & 0 \\ \frac{\mu}{1-\mu} & 1 & \frac{\mu}{1-\mu} & 0 & 0 & 0 \\ \frac{\mu}{1-\mu} & \frac{\mu}{1-\mu} & 1 & 0 & 0 & 0 \\ 0 & 0 & 0 & \frac{1-2\mu}{2(1-\mu)} & 0 & 0 \\ 0 & 0 & 0 & 0 & \frac{1-2\mu}{2(1-\mu)} & 0 \\ 0 & 0 & 0 & 0 & 0 & \frac{1-2\mu}{2(1-\mu)} \end{bmatrix}$$

由式(5.38)可以看到,矩阵 $\boldsymbol{B}$ 中的元素是形函数对整体坐标 x,y,z 的偏导数,而形函数是局部坐标 ξ,η,ζ 的函数,所以,要计算形函数 N_i 对 x,y,z 的导数,需要进行坐标变换。

与平面等参单元单元刚度矩阵的计算方法类似,根据复合函数求导规则,由坐标变式(5.36),有

$$\left.\begin{aligned} \frac{\partial N_i}{\partial \xi} &= \frac{\partial N_i}{\partial x}\frac{\partial x}{\partial \xi} + \frac{\partial N_i}{\partial y}\frac{\partial y}{\partial \xi} + \frac{\partial N_i}{\partial z}\frac{\partial z}{\partial \xi} \\ \frac{\partial N_i}{\partial \eta} &= \frac{\partial N_i}{\partial x}\frac{\partial x}{\partial \eta} + \frac{\partial N_i}{\partial y}\frac{\partial y}{\partial \eta} + \frac{\partial N_i}{\partial z}\frac{\partial z}{\partial \eta} \\ \frac{\partial N_i}{\partial \zeta} &= \frac{\partial N_i}{\partial x}\frac{\partial x}{\partial \zeta} + \frac{\partial N_i}{\partial y}\frac{\partial y}{\partial \zeta} + \frac{\partial N_i}{\partial z}\frac{\partial z}{\partial \zeta} \end{aligned}\right\} \quad (i = 1,2,\cdots,8) \tag{5.41}$$

或用矩阵表示为

$$\begin{Bmatrix} \frac{\partial N_i}{\partial \xi} \\ \frac{\partial N_i}{\partial \eta} \\ \frac{\partial N_i}{\partial \zeta} \end{Bmatrix} = \begin{bmatrix} \frac{\partial x}{\partial \xi} & \frac{\partial y}{\partial \xi} & \frac{\partial z}{\partial \xi} \\ \frac{\partial x}{\partial \eta} & \frac{\partial y}{\partial \eta} & \frac{\partial z}{\partial \eta} \\ \frac{\partial x}{\partial \zeta} & \frac{\partial y}{\partial \zeta} & \frac{\partial z}{\partial \zeta} \end{bmatrix} \begin{Bmatrix} \frac{\partial N_i}{\partial x} \\ \frac{\partial N_i}{\partial y} \\ \frac{\partial N_i}{\partial z} \end{Bmatrix} \quad (i = 1,2,\cdots,8) \tag{5.42}$$

即

$$\begin{Bmatrix} \dfrac{\partial N_i}{\partial \xi} \\ \dfrac{\partial N_i}{\partial \eta} \\ \dfrac{\partial N_i}{\partial \zeta} \end{Bmatrix} = \boldsymbol{J} \begin{Bmatrix} \dfrac{\partial N_i}{\partial x} \\ \dfrac{\partial N_i}{\partial y} \\ \dfrac{\partial N_i}{\partial z} \end{Bmatrix} \quad (i = 1,2,\cdots,8) \tag{5.43}$$

式中,$\boldsymbol{J}$ 为坐标变换的雅可比矩阵

$$\boldsymbol{J} = \begin{bmatrix} \dfrac{\partial x}{\partial \xi} & \dfrac{\partial y}{\partial \xi} & \dfrac{\partial z}{\partial \xi} \\ \dfrac{\partial x}{\partial \eta} & \dfrac{\partial y}{\partial \eta} & \dfrac{\partial z}{\partial \eta} \\ \dfrac{\partial x}{\partial \zeta} & \dfrac{\partial y}{\partial \zeta} & \dfrac{\partial z}{\partial \zeta} \end{bmatrix} \tag{5.44}$$

对式(5.29)两边左乘以雅可比矩阵的逆矩阵 $\boldsymbol{J}^{-1}$,则可得到

$$\begin{Bmatrix} \dfrac{\partial N_i}{\partial x} \\ \dfrac{\partial N_i}{\partial y} \\ \dfrac{\partial N_i}{\partial z} \end{Bmatrix} = \boldsymbol{J}^{-1} \begin{Bmatrix} \dfrac{\partial N_i}{\partial \xi} \\ \dfrac{\partial N_i}{\partial \eta} \\ \dfrac{\partial N_i}{\partial \zeta} \end{Bmatrix} \quad (i = 1,2,\cdots,8) \tag{5.45}$$

式中　$\boldsymbol{J}^{-1}$——雅可比矩阵的逆矩阵。

$\boldsymbol{J}$ 中的各元素可由式(5.36)对坐标求导得到,即

$$\left.\begin{aligned} \frac{\partial x}{\partial \xi} &= \sum_{i=1}^{8} \frac{\partial N_i}{\partial \xi} x_i, \frac{\partial y}{\partial \xi} = \sum_{i=1}^{8} \frac{\partial N_i}{\partial \xi} y_i, \frac{\partial z}{\partial \xi} = \sum_{i=1}^{8} \frac{\partial N_i}{\partial \xi} z_i \\ \frac{\partial x}{\partial \eta} &= \sum_{i=1}^{8} \frac{\partial N_i}{\partial \eta} x_i, \frac{\partial y}{\partial \eta} = \sum_{i=1}^{8} \frac{\partial N_i}{\partial \eta} y_i, \frac{\partial z}{\partial \eta} = \sum_{i=1}^{8} \frac{\partial N_i}{\partial \eta} z_i \\ \frac{\partial x}{\partial \zeta} &= \sum_{i=1}^{8} \frac{\partial N_i}{\partial \zeta} x_i, \frac{\partial y}{\partial \zeta} = \sum_{i=1}^{8} \frac{\partial N_i}{\partial \zeta} y_i, \frac{\partial z}{\partial \zeta} = \sum_{i=1}^{8} \frac{\partial N_i}{\partial \zeta} z_i \end{aligned}\right\} \tag{5.46}$$

雅可比矩阵 $\boldsymbol{J}$ 可写为如下的矩阵形式

$$\boldsymbol{J} = \begin{bmatrix} \dfrac{\partial x}{\partial \xi} & \dfrac{\partial y}{\partial \xi} & \dfrac{\partial z}{\partial \xi} \\ \dfrac{\partial x}{\partial \eta} & \dfrac{\partial y}{\partial \eta} & \dfrac{\partial z}{\partial \eta} \\ \dfrac{\partial x}{\partial \zeta} & \dfrac{\partial y}{\partial \zeta} & \dfrac{\partial z}{\partial \zeta} \end{bmatrix} = \begin{bmatrix} \dfrac{\partial N_1}{\partial \xi} & \dfrac{\partial N_2}{\partial \xi} & \cdots & \dfrac{\partial N_8}{\partial \xi} \\ \dfrac{\partial N_1}{\partial \eta} & \dfrac{\partial N_2}{\partial \eta} & \cdots & \dfrac{\partial N_8}{\partial \eta} \\ \dfrac{\partial N_1}{\partial \zeta} & \dfrac{\partial N_2}{\partial \zeta} & \cdots & \dfrac{\partial N_8}{\partial \zeta} \end{bmatrix} \begin{bmatrix} x_1 & y_1 & z_1 \\ x_2 & y_2 & z_2 \\ \vdots & \vdots & \vdots \\ x_8 & y_8 & z_8 \end{bmatrix}$$

有了上述的转换公式,可求得应变矩阵 $\boldsymbol{B}$ 中的各元素。

下面简述式(5.40)中积分元 $\mathrm{d}x\mathrm{d}y\mathrm{d}z$ 的变换。

从图 5.9 可以看到,$\mathrm{d}\boldsymbol{\xi}$,$\mathrm{d}\boldsymbol{\eta}$,$\mathrm{d}\boldsymbol{\zeta}$ 在整体坐标系内所形成的体积微元为

$$\mathrm{d}V = \mathrm{d}\boldsymbol{\xi}(\mathrm{d}\boldsymbol{\eta} \times \mathrm{d}\boldsymbol{\zeta}) \tag{r}$$

其中

$$
\begin{aligned}
\mathrm{d}\boldsymbol{\xi} &= \frac{\partial x}{\partial \xi}\mathrm{d}\xi\boldsymbol{i} + \frac{\partial y}{\partial \xi}\mathrm{d}\xi\boldsymbol{j} + \frac{\partial z}{\partial \xi}\mathrm{d}\xi\boldsymbol{k} \\
\mathrm{d}\boldsymbol{\eta} &= \frac{\partial x}{\partial \eta}\mathrm{d}\eta\boldsymbol{i} + \frac{\partial y}{\partial \eta}\mathrm{d}\eta\boldsymbol{j} + \frac{\partial z}{\partial \eta}\mathrm{d}\eta\boldsymbol{k} \\
\mathrm{d}\boldsymbol{\zeta} &= \frac{\partial x}{\partial \zeta}\mathrm{d}\zeta\boldsymbol{i} + \frac{\partial y}{\partial \zeta}\mathrm{d}\zeta\boldsymbol{j} + \frac{\partial z}{\partial \zeta}\mathrm{d}\zeta\boldsymbol{k}
\end{aligned}
\tag{s}
$$

式中,$\boldsymbol{i}$,$\boldsymbol{j}$ 和 $\boldsymbol{k}$ 是笛卡尔坐标 x,y 和 z 方向的单位向量。将式(s)式代入式(r),得到

$$
\mathrm{d}V = \begin{vmatrix} \frac{\partial x}{\partial \xi} & \frac{\partial y}{\partial \xi} & \frac{\partial z}{\partial \xi} \\ \frac{\partial x}{\partial \eta} & \frac{\partial y}{\partial \eta} & \frac{\partial z}{\partial \eta} \\ \frac{\partial x}{\partial \zeta} & \frac{\partial y}{\partial \zeta} & \frac{\partial z}{\partial \zeta} \end{vmatrix} \mathrm{d}\xi\mathrm{d}\eta\mathrm{d}\zeta = |\boldsymbol{J}|\mathrm{d}\xi\mathrm{d}\eta\mathrm{d}\zeta \tag{5.47}
$$

因此,单元刚度矩阵可写作

$$
\boldsymbol{k} = \iiint_V \boldsymbol{B}^{\mathrm{T}}\boldsymbol{D}\boldsymbol{B}\mathrm{d}x\mathrm{d}y\mathrm{d}z = \int_{-1}^{1}\int_{-1}^{1}\int_{-1}^{1}\boldsymbol{B}^{\mathrm{T}}\boldsymbol{D}\boldsymbol{B}|\boldsymbol{J}|\mathrm{d}\xi\mathrm{d}\eta\mathrm{d}\zeta \tag{5.48}
$$

(4)单元等效荷载列阵

令 $\boldsymbol{F}_L^e$ 为单元等效荷载列阵

$$
\boldsymbol{F}_L^e = [\boldsymbol{F}_{L1}^e \quad \boldsymbol{F}_{L2}^e \quad \cdots \quad \boldsymbol{F}_{L8}^e]^{\mathrm{T}}
$$

式中

$$
\boldsymbol{F}_{Li}^e = [F_{Lix}^e \quad F_{Liy}^e \quad F_{Liz}^e]^{\mathrm{T}}
$$

由虚功方程可得单元等效荷载列阵

$$
\boldsymbol{F}_L^e = \iiint_V \boldsymbol{N}^{\mathrm{T}}\boldsymbol{f}\mathrm{d}V + \iint_{S_\sigma}\boldsymbol{N}^{\mathrm{T}}\bar{\boldsymbol{f}}\mathrm{d}S \tag{5.49}
$$

式中 S_σ——单元承受面力的曲面;

$\boldsymbol{f}$——单元体力列阵;

$\bar{\boldsymbol{f}}$——面力列阵。

$$
\boldsymbol{f} = \begin{Bmatrix} f_x \\ f_y \\ f_z \end{Bmatrix} = [f_x \quad f_y \quad f_z]^{\mathrm{T}} \qquad \bar{\boldsymbol{f}} = \begin{Bmatrix} \bar{f}_x \\ \bar{f}_y \\ \bar{f}_z \end{Bmatrix} = [\bar{f}_x \quad \bar{f}_y \quad \bar{f}_z]^{\mathrm{T}}
$$

由式(5.46),故式(5.48)可写作

$$
\boldsymbol{F}_L^e = \int_{-1}^{1}\int_{-1}^{1}\int_{-1}^{1}N^{\mathrm{T}}\boldsymbol{f}|\boldsymbol{J}|\mathrm{d}\xi\mathrm{d}\eta\mathrm{d}\zeta + \iint_{S_\sigma}\boldsymbol{N}^{\mathrm{T}}\bar{\boldsymbol{f}}\mathrm{d}S \tag{5.50}
$$

对于式(5.49)中面积微元 $\mathrm{d}S$,例如在 $\xi = c$(常数)的面上有

$$
\begin{aligned}
\mathrm{d}A &= |\mathrm{d}\boldsymbol{\eta}\times\mathrm{d}\boldsymbol{\zeta}|_{\xi=c} \\
&= \left\{\left(\frac{\partial y}{\partial \eta}\frac{\partial z}{\partial \zeta} - \frac{\partial y}{\partial \zeta}\frac{\partial z}{\partial \eta}\right)^2 + \left(\frac{\partial z}{\partial \eta}\frac{\partial x}{\partial \zeta} - \frac{\partial z}{\partial \zeta}\frac{\partial x}{\partial \eta}\right)^2 + \left(\frac{\partial x}{\partial \eta}\frac{\partial y}{\partial \zeta} - \frac{\partial x}{\partial \zeta}\frac{\partial y}{\partial \eta}\right)^2\right]^{\frac{1}{2}}\mathrm{d}\eta\mathrm{d}\zeta \\
&= A\mathrm{d}\eta\zeta
\end{aligned}
\tag{5.51}
$$

其他面上的 dA 可以通过轮换 ξ,η,ζ 得到。

单元等效荷载列阵子块

$$\boldsymbol{F}_{Li}^{e} = \int_{-1}^{1}\int_{-1}^{1}\int_{-1}^{1}\boldsymbol{N}_i\boldsymbol{f}|\boldsymbol{J}|\mathrm{d}\xi\mathrm{d}\eta\mathrm{d}\zeta + \iint_{S_\sigma}\boldsymbol{N}_i\bar{\boldsymbol{f}}\mathrm{d}S \quad (i = 1,2,\cdots,8) \tag{5.52}$$

5.5　20 结点六面体三维等参单元

对于三维结构的有限元分析,高阶单元往往更具有计算效率。二次等参元既能适应复杂结构的曲面边界,又便于构造高阶单元,在三维应力分析中较为常用。目前在三维问题的等参元应用中,较为常用的是 20 结点六面体等参元,已被采用于多种通用有限元分析程序,在复杂的三维结构分析中取得了相当的成功。

图 5.10(b)为一个任意 20 结点曲面六面体单元,取 8 个角点,12 条棱边的中点为结点。建立一个与此单元对应的边长为 2 的 20 结点正立方体单元,并建立局部坐标系 $\xi\eta\zeta$,坐标原点在正立方体的形心,如图 5.10(a)所示。此规则单元为任意 20 结点六面体曲面元的母单元。

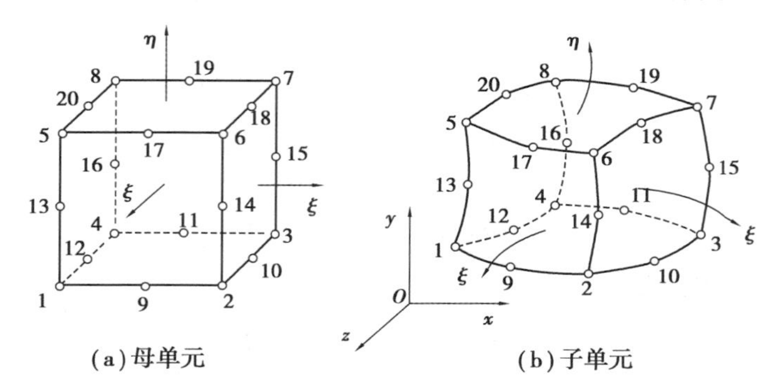

图 5.10　20 结点的六面体等参元

(1)母单元位移函数

参照式(4.56),母单元的位移模式设为

$$\left.\begin{aligned}
u = {} & a_1 + a_2\xi + a_3\eta + a_4\zeta + a_5\xi\eta + a_6\eta\zeta + a_7\zeta\xi + a_8\xi^2 + \\
& a_9\eta^2 + a_{10}\zeta^2 + a_{11}\xi^2\eta + a_{12}\xi^2\zeta + a_{13}\eta^2\xi + a_{14}\eta^2\zeta + \\
& a_{15}\zeta^2\xi + a_{16}\zeta^2\eta + a_{17}\xi\eta\zeta + a_{18}\xi^2\eta\zeta + a_{19}\xi\eta^2\zeta + a_{20}\xi\eta\zeta^2 \\
v = {} & a_{21} + a_{22}\xi + a_{23}\eta + a_{24}\zeta + a_{25}\xi\eta + a_{26}\eta\zeta + a_{27}\zeta\xi + a_{28}\xi^2 + \\
& a_{29}\eta^2 + a_{30}\zeta^2 + a_{31}\xi^2\eta + a_{32}\xi^2\zeta + a_{33}\eta^2\xi + a_{34}\eta^2\zeta + \\
& a_{35}\zeta^2\xi + a_{36}\zeta^2\eta + a_{37}\xi\eta\zeta + a_{38}\xi^2\eta\zeta + a_{39}\xi\eta^2\zeta + a_{40}\xi\eta\zeta^2 \\
w = {} & a_{41} + a_{42}\xi + a_{43}\eta + a_{44}\zeta + a_{45}\xi\eta + a_{46}\eta\zeta + a_{47}\zeta\xi + a_{48}\xi^2 + \\
& a_{49}\eta^2 + a_{50}\zeta^2 + a_{51}\xi^2\eta + a_{52}\xi^2\zeta + a_{53}\eta^2\xi + a_{54}\eta^2\zeta + \\
& a_{55}\zeta^2\xi + a_{56}\zeta^2\eta + a_{57}\xi\eta\zeta + a_{58}\xi^2\eta\zeta + a_{59}\xi\eta^2\zeta + a_{60}\xi\eta\zeta^2
\end{aligned}\right\} \tag{5.53}$$

单元结点位移列阵和单元结点力列阵分别为

$$\boldsymbol{\delta}^e = \begin{Bmatrix} \boldsymbol{\delta}_1^e \\ \boldsymbol{\delta}_2^e \\ \boldsymbol{\delta}_2^e \\ \vdots \\ \boldsymbol{\delta}_{20}^e \end{Bmatrix}, \qquad \boldsymbol{F}^e = \begin{Bmatrix} \boldsymbol{F}_1^e \\ \boldsymbol{F}_2^e \\ \boldsymbol{F}_3^e \\ \vdots \\ \boldsymbol{F}_{20}^e \end{Bmatrix}$$

式中

$$\boldsymbol{\delta}_i^e = \begin{Bmatrix} u_i \\ v_i \\ w_i \end{Bmatrix}, \qquad \boldsymbol{F}_i^e = \begin{Bmatrix} F_{ix}^e \\ F_{iy}^e \\ F_{iz}^e \end{Bmatrix} \qquad (i = 1,2,3,\cdots,20)$$

单元位移插值函数可以表示为

$$\begin{Bmatrix} u \\ v \\ w \end{Bmatrix} = \sum_{i=1}^{20} N_i \begin{Bmatrix} u_i \\ v_i \\ w_i \end{Bmatrix} \qquad (i = 1,2,3,\cdots,20) \tag{5.54}$$

式中，$N_i(\xi,\eta)$为形函数，参照式(4.59)由式(5.55)给出

$$\begin{aligned} N_i = & \frac{(1+\xi_0)(1+\eta_0)(1+\zeta_0)(\xi_0+\eta_0+\zeta_0-2)\xi_i^2\eta_i^2\zeta_i^2}{8} + \\ & \frac{(1-\xi^2)(1+\eta_0)(1+\zeta_0)(1-\xi_i^2)\eta_i^2\zeta_i^2}{4} + \\ & \frac{(1-\eta^2)(1+\zeta_0)(1+\xi_0)(1-\eta_i^2)\zeta_i^2\xi_i^2}{4} + \\ & \frac{(1-\zeta^2)(1+\xi_0)(1+\eta_0)(1-\zeta_i^2)\xi_i^2\eta_i^2}{4} \end{aligned} \qquad (i = 1,2,3,\cdots,20) \tag{5.55}$$

其中 $\xi_0 = \xi\xi_i, \eta_0 = \eta\eta_i, \zeta_0 = \zeta\zeta_i$。

(2)等参坐标变换

对图5.10(b)所示整体坐标系 xyz 与图5.10(a)所示局部坐标系 $\xi\eta\zeta$ 两种坐标系采用式(5.56)进行变换

$$\begin{Bmatrix} x \\ y \\ z \end{Bmatrix} = \sum_{i=1}^{20} N_i \begin{Bmatrix} x_i \\ y_i \\ z_i \end{Bmatrix} \tag{5.56}$$

式中，变换函数 $N_i(\xi,\eta)$ 即为位移插值函数(5.54)中的形函数。

坐标变换式(5.55)使实际的六面体曲面子单元与正立面体母单元的8个角结点、12个边结点一一对应，子单元6个曲面、12条曲边与母单元6个平面、12条直边一一对应，并使子单元内各点与母单元相应各点一一对应。这样相当于把实际的任意曲面六面体子单元映射为正立方体母单元。

(3)单元刚度矩阵

三维变形状态下，一点的应变与位移的几何关系，写成矩阵形式为

$$\boldsymbol{\varepsilon} = \boldsymbol{B}\boldsymbol{\delta}^e \tag{5.57}$$

式中,$\boldsymbol{B}$ 为几何矩阵,可按结点分块表示为

$$\boldsymbol{B} = [\boldsymbol{B}_1 \quad \boldsymbol{B}_2 \quad \boldsymbol{B}_3 \quad \cdots \quad \boldsymbol{B}_{20}]$$

式中

$$\boldsymbol{B}_i = \begin{bmatrix} \dfrac{\partial N_i}{\partial x} & 0 & 0 \\ 0 & \dfrac{\partial N_i}{\partial y} & 0 \\ 0 & 0 & \dfrac{\partial N_i}{\partial z} \\ \dfrac{\partial N_i}{\partial y} & \dfrac{\partial N_i}{\partial x} & 0 \\ 0 & \dfrac{\partial N_i}{\partial z} & \dfrac{\partial N_i}{\partial y} \\ \dfrac{\partial N_i}{\partial z} & 0 & \dfrac{\partial N_i}{\partial x} \end{bmatrix} \quad (i = 1,2,3,\cdots,20) \tag{5.58}$$

由最小势能原理,可得单元刚度矩阵为

$$\boldsymbol{k} = \iiint_V \boldsymbol{B}^{\mathrm{T}}\boldsymbol{D}\boldsymbol{B}\mathrm{d}V \tag{5.59}$$

按照前述分析,单元刚度矩阵可写为

$$\boldsymbol{k} = \iiint_V \boldsymbol{B}^{\mathrm{T}}\boldsymbol{D}\boldsymbol{B}\mathrm{d}V = \int_{-1}^{1}\int_{-1}^{1}\int_{-1}^{1} \boldsymbol{B}^{\mathrm{T}}\boldsymbol{D}\boldsymbol{B}\,|\boldsymbol{J}|\,\mathrm{d}\xi\mathrm{d}\eta\mathrm{d}\zeta \tag{5.60a}$$

式中 $\boldsymbol{J}$——坐标变换的雅可比矩阵行列式。

$\boldsymbol{k}$ 可按结点分块写成

$$\boldsymbol{k} = \begin{bmatrix} \boldsymbol{k}_{1-1} & \boldsymbol{k}_{1-2} & \cdots & \boldsymbol{k}_{1-20} \\ \boldsymbol{k}_{2-1} & \boldsymbol{k}_{2-2} & \cdots & \boldsymbol{k}_{2-20} \\ \vdots & \vdots & & \vdots \\ \boldsymbol{k}_{20-1} & \boldsymbol{k}_{20-2} & \cdots & \boldsymbol{k}_{20-20} \end{bmatrix}$$

则子矩阵 $\boldsymbol{k}_{i-j}$ 为

$$\boldsymbol{k}_{i-j} = \int_{-1}^{1}\int_{-1}^{1}\int_{-1}^{1} \boldsymbol{B}_i^{\mathrm{T}}\boldsymbol{D}\boldsymbol{B}_j\,|\boldsymbol{J}|\,\mathrm{d}\xi\mathrm{d}\eta\mathrm{d}\zeta \quad (i,j = 1,2,\cdots,20) \tag{5.60b}$$

(4)单元等效荷载列阵

设 $\boldsymbol{F}_L^e$ 为单元等效荷载列阵

$$\boldsymbol{F}_L^e = [\boldsymbol{F}_{L1}^e \quad \boldsymbol{F}_{L2}^e \quad \cdots \boldsymbol{F}_{L20}^e \quad]^{\mathrm{T}}$$

式中

$$\boldsymbol{F}_{Li}^e = [\boldsymbol{F}_{Lix}^e \quad \boldsymbol{F}_{Liy}^e \quad \boldsymbol{F}_{Liz}^e]^{\mathrm{T}}$$

单元等效荷载列阵按式(5.61a)

$$\boldsymbol{F}_L^e = \int_{-1}^{1}\int_{-1}^{1}\int_{-1}^{1} \boldsymbol{N}^{\mathrm{T}}\boldsymbol{f}\,|\boldsymbol{J}|\,\mathrm{d}\xi\mathrm{d}\eta\mathrm{d}\zeta + \iint_{S_\sigma} \boldsymbol{N}^{\mathrm{T}}\bar{\boldsymbol{f}}\mathrm{d}S \tag{5.61a}$$

单元等效荷载列阵子块

$$F_{Li}^{e} = \int_{-1}^{1}\int_{-1}^{1}\int_{-1}^{1} N_i \boldsymbol{f} |\boldsymbol{J}| \mathrm{d}\xi \mathrm{d}\eta \mathrm{d}\zeta + \iint_{S_\sigma} \boldsymbol{N}_i \bar{\boldsymbol{f}} \mathrm{d}S \quad (i,j = 1,2,\cdots,20) \tag{5.61b}$$

5.6 有限元计算中的高斯积分法

在单元刚度矩阵及等效结点载荷计算中，经常需要进行下列形式的一维、二维和三维积分

$$\int f(\xi)\,\mathrm{d}s \qquad \iint f(\xi,\eta)\,\mathrm{d}S \qquad \iiint f(\xi,\eta,\zeta)\,\mathrm{d}V$$

被积函数往往很复杂，无法得出其显式，因此，在有限元法计算中通常采用数值积分。一般数值积分包括两类：一类采用等间距积分点，如梯形法和抛物线法等；另一类采用不等间距积分点，如高斯积分法。

高斯积分法采用加权积分的方法，其采用不同加权系数改变积分点的间距，从而通过求和得到近似的积分值。比之其他数值积分法，高斯积分法在采用相同数目积分点时，可以达到较高的精度。

采用高斯数值积分法，上述积分可用下列公式计算

$$\left.\begin{aligned} \int_{-1}^{1} f(\xi)\,\mathrm{d}\xi &= \sum_{i=1}^{n} f(\xi_i)\omega_i + R_n \\ \int_{-1}^{1}\int_{-1}^{1} f(\xi,\eta)\,\mathrm{d}\xi\mathrm{d}\eta &= \sum_{i=1}^{n_i}\sum_{j=1}^{n_j} f(\xi_i,n_j)\omega_i\omega_j + R_n \\ \int_{-1}^{1}\int_{-1}^{1}\int_{-1}^{1} f(\xi,\eta,\zeta)\,\mathrm{d}\xi\mathrm{d}\eta\mathrm{d}\zeta &= \sum_{i=1}^{n_i}\sum_{j=1}^{n_j}\sum_{k=1}^{n_k} f(\xi_i,n_j,\zeta_k)\omega_i\omega_j\omega_k + R_n \end{aligned}\right\} \tag{5.62}$$

式中 ξ_i——高斯积分点坐标；

ω_i——加权系数($i=1,2,\cdots,n$)；

n——积分点数量；

R_n——当取 n 点积分时，高斯积分与该积分的误差。

下列首先讨论一维高斯积分的思路和方法。

5.6.1 一维高斯积分

将式 (5.62) 中第一式的求和展开，有

$$\int_{-1}^{1} f(\xi)\,\mathrm{d}\xi = f(\xi_1)\omega_1 + f(\xi_2)\omega_2 + \cdots + f(\xi_n)\omega_n + R_n \tag{5.63}$$

研究表明，当取 n 个积分点时，高斯积分具有 $2n-1$ 阶的精度，即如果被积函数是不高于 $2n-1$ 次的多项式，则积分结果是精确的。下面通过讨论设置 1 个和 2 个积分点的高斯积分，以比较直观的方法，考察如何确定高斯积分点坐标 ξ_i 和权系数 ω_i。有兴趣的读者可参考有关文献。

(1)设置 2 个积分点

当 $n=1$(即取一个积分点)时,如果 $f(\xi)$ 是一次多项式,则式(5.63)为精确积分,这就要求误差 R_n 等于零,即

$$R_n = \int_{-1}^{1} f(\xi)\mathrm{d}\xi - f(\xi_1)\omega_1 = 0 \tag{a}$$

令 $f(\xi)$ 为一次多项式,即

$$f(\xi) = a_0 + a_1\xi \tag{b}$$

将式(b)代入式(a),则要求

$$R_n = \int_{-1}^{1} (a_0 + a_1\xi)\mathrm{d}\xi - f(\xi_1)\omega_1 = 0$$

$$\Rightarrow R_n = 2a_0 - (a_0 + a_1\xi_1)\omega_1 = 0$$

或

$$R_n = a_0(2 - \omega_1) - a_1\xi_1\omega_1 = 0 \tag{c}$$

从式(c)可以看到,如果

$$\xi_1 = 0, \omega_1 = 2$$

则误差为零。所以,一点高斯积分的积分点坐标和权系数应取为

$$\xi_1 = 0, \omega_1 = 2$$

因此,如果是一次多项式,则高斯积分为精确积分,即

$$\int_{-1}^{1} f(\xi)\mathrm{d}\xi = f(\xi_1)\omega_1 = f(0) \times 2$$

(2)设置 1 个积分点

当 $n=2$(即取 2 个积分点)时,如果 $f(\xi)$ 是不高于三次的多项式,则式(5.63)为精确积分,这就要求误差 R_n 等于零,即

$$R_n = \int_{-1}^{1} f(\xi)\mathrm{d}\xi - [f(\xi_1)\omega_1 + f(\xi_2)\omega_2] = 0 \tag{d}$$

令 $f(\xi)$ 为任意三次多项式,即

$$f(\xi) = a_0 + a_1\xi + a_2\xi^2 + a_3\xi^3 \tag{e}$$

将式(e)代入式(d),则要求

$$R_n = \int_{-1}^{1} (a_0 + a_1\xi + a_2\xi^2 + a_3\xi^3)\mathrm{d}\xi - [f(\xi_1)\omega_1 + f(\xi_2)\omega_2] = 0$$

完成上式积分,并令误差等于零,则得到

$$\left.\begin{aligned} \omega_1 + \omega_2 &= 2 \\ \omega_1\xi_1 + \omega_2\xi_2 &= 0 \\ \omega_1\xi_1^2 + \omega_2\xi_2^2 &= 2/3 \\ \omega_1\xi_1^3 + \omega_2\xi_2^3 &= 0 \end{aligned}\right\} \tag{f}$$

解之,可得两点高斯积分的积分点坐标和权系数为

$$\omega_1 = \omega_2 = 1, \ -\xi_1 = \xi_2 = \frac{1}{\sqrt{3}} = 0.577\ 350\ 269\ 189\ 626$$

此时,高斯积分公式为

$$\int_{-1}^{1} f(\xi)\,\mathrm{d}\xi = f(\xi_1)\omega_1 + f(\xi_2)\omega_2$$

采用同样分析方法可以确定取更多积分时所对应的积分点坐标和加权系数。于是,当 $f(\xi)$ 是不高于 $2n-1$ 次的多项式时,采用 n 个积分点,则高斯积分结果是精确的。

实际应用中,根据所求问题的精度要求设置高斯积分点的数目,按照式(5.64)进行近似计算

$$\left.\begin{aligned} \int_{-1}^{1} f(\xi)\,\mathrm{d}\xi &\approx \sum_{i=1}^{n} f(\xi_1)\ \omega_1 \\ \int_{-1}^{1}\int_{-1}^{1} f(\xi,\eta)\,\mathrm{d}\xi\mathrm{d}\eta &\approx \sum_{i=1}^{n_i}\sum_{j=1}^{n_j} f(\xi_i,\eta_j)\ \omega_i\omega_j \\ \int_{-1}^{1}\int_{-1}^{1}\int_{-1}^{1} f(\xi,\eta,\zeta)\,\mathrm{d}\xi\mathrm{d}\eta\mathrm{d}\zeta &\approx \sum_{i=1}^{n_i}\sum_{j=1}^{n_j}\sum_{k=1}^{n_k} f(\xi_i,\eta_j,\zeta_k)\ \omega_i\omega_j\omega_k \end{aligned}\right\} \tag{5.64}$$

表5.2中列出了在积分域$(-1,+1)$内,当 $n=1,2,3,4,5,6$ 时的积分点的坐标和加权系数。

表5.2 Gauss-Legendre 数值积分点的坐标和加权系数

积分点数	精度 m	积分点坐标 ξ_i	积分权系数 ω_i
1	1	$\xi_1=0$	$\omega_i=2$
2	3	$\xi_1=-0.577\ 350\ 269\ 189\ 626$ $\xi_2=-\xi_1$	$\omega_1=1$ $\omega_2=1$
3	5	$\xi_1=-0.774\ 596\ 669\ 241\ 483$ $\xi_2=0$ $\xi_3=-\xi_1$	$\omega_1=0.555\ 555\ 555\ 555\ 555$ $\omega_2=2(1-\omega_1)$ $\omega_3=\omega_1$
4	7	$\xi_1=-0.861\ 136\ 311\ 594\ 053$ $\xi_2=-0.339\ 981\ 043\ 584\ 856$ $\xi_3=-\xi_2$ $\xi_4=-\xi_1$	$\omega_1=0.347\ 854\ 845\ 137\ 454$ $\omega_2=1-\omega_1$ $\omega_3=\omega_2$ $\omega_4=\omega_1$
5	9	$\xi_1=-0.906\ 179\ 845\ 938\ 664$ $\xi_2=-0.538\ 469\ 310\ 105\ 683$ $\xi_3=0$ $\xi_4=-\xi_2$ $\xi_5=-\xi_1$	$\omega_1=0.236\ 926\ 154\ 862\ 546$ $\omega_2=0.478\ 628\ 670\ 499\ 366$ $\omega_3=2(1-\omega_1-\omega_2)$ $\omega_4=\omega_2$ $\omega_5=\omega_1$

5.6.2 二维高斯积分

对于二维数值积分,可以采用微积分学中的多重积分的方法,将一维高斯积分扩展到二维,在计算内层积分时使外层积分变量为常量,然后再进行外层积分。即先令 ξ 为常量,对 η 积分,则有

$$\int_{-1}^{1} f(\xi,\eta)\mathrm{d}\eta \approx \sum_{j=1}^{n_j} f(\xi,\eta_j)\ \omega_j$$

然后,再对 ξ 积分,则有

$$\int_{-1}^{1}\int_{-1}^{1} f(\xi,\eta)\mathrm{d}\xi\mathrm{d}\eta \approx \int_{-1}^{1}\sum_{j=1}^{n_j}\omega_j f(\xi,\eta_j)\ \mathrm{d}\xi \approx \sum_{i=1}^{n_i}\sum_{j=1}^{n_j} f(\xi_i,\eta_j)\ \omega_i\omega_j \tag{5.65}$$

式中 ω_i,ω_j——高斯数值积分的权系数;

n_i,n_j——每个坐标方向的积分点数;

ξ_i,η_j——积分点坐标,即采用 $n_i\times n_j$ 个积分点。

5.6.3 三维高斯积分

对于三维数值积分,数值积分为

$$\int_{-1}^{1}\int_{-1}^{1}\int_{-1}^{1} f(\xi,\eta,\zeta)\mathrm{d}\xi\mathrm{d}\eta\mathrm{d}\zeta \approx \sum_{i=1}^{n_i}\sum_{j=1}^{n_j}\sum_{k=1}^{n_k} f(\xi_i,\eta_j,\zeta_k)\ \omega_i\omega_j\omega_k \tag{5.66}$$

对于二维、三维数值积分,积分点数在不同的坐标方向上可以根据具体情况取不同的值。同样,如果 $f(\xi,\eta,\zeta)$ 是不高于 $2n-1$ 次的多项式,则式(5.65)和式(5.66)积分的计算是精确的。

可以证明,收敛性所要求的数值积分的最低阶数,就是算出单元体积所用的阶数。也就是说最低阶数应当取决于 $|\boldsymbol{J}|$ 的表达式中多项式的次数。但计算实践表明,利用低阶积分法则,可以降低单元的刚度,以补偿由于假定位移场引起的结构过于刚硬的情况。各种单元的最佳积分法则通常用试凑和经验来确定。表5.3给出推荐的高斯积分计算的阶数,其在实际应用中已经证明是有效的。

表5.3 等参单元高斯积分计算建议采用的阶数

单　元	通常最好的积分阶数 n	最大积分阶数 n
二维4结点线性单元	2	3
二维8结点二次单元	3	4
三维20结点二次单元	3	4

【例5.2】 设 $N_1=\frac{1}{4}(1+\xi)(1+\eta)$,采用高斯积分法计算 $\int_{-1}^{1} N_1(\xi,\eta)\mathrm{d}\xi$ 沿 $\eta=1$ 的值。

【解】 由于积分沿边界 $\eta=1$,所以

$$\int_{-1}^{1} N_1(\xi,\eta)\mathrm{d}\xi = \int_{-1}^{1}\frac{1}{4}(1+\xi)(1+1)\mathrm{d}\xi = \frac{1}{2}\int_{-1}^{1}(1+\xi)\mathrm{d}\xi = 1.0$$

采用高斯积分法，因为被积函数为一次函数，可以取1个高斯积分点。由表5.1知，积分点坐标 $\xi_1=0$，权系数 $\omega_1=2.0$，所以，

$$\int_{-1}^{1} N_1(\xi,\eta)\mathrm{d}\xi = \sum_{i=1}^{1} \frac{1}{4}(1+\xi)(1+1)\omega_i = \frac{1}{4}\times 1\times 2\times 2.0 = 1.0$$

高斯积分计算结果与解析解相同。

【例5.3】 设 $N_1=\frac{1}{4}(1+\xi)(1+\eta)(\xi+\eta-1)$，采用高斯积分法计算 $\int_{-1}^{1} N_1(\xi,\eta)\mathrm{d}\xi$ 沿 $\eta=1$ 的值。

【解】 首先求解析解

$$\int_{-1}^{1} N_1(\xi,\eta)\mathrm{d}\xi = \int_{-1}^{1} \frac{1}{2}(1+\xi)\xi\mathrm{d}\xi = \frac{1}{3}$$

采用高斯积分，因为被积函数为二次函数，可以取2个高斯积分点，即2点高斯积分，由表5.3可知，积分点坐标 $\xi_1=-\frac{1}{\sqrt{3}}$，$\xi_2=\frac{1}{\sqrt{3}}$，权系数 $\omega_1=\omega_2=1.0$，所以有

$$\int_{-1}^{1} N_1(\xi,\eta)\mathrm{d}\xi \approx f(\xi_1)\omega_1 + f(\xi_2)\omega_2$$

$$= \frac{1}{2}\left[\left(1-\frac{1}{\sqrt{3}}\right)\left(-\frac{1}{\sqrt{3}}\right)\times 1.0 + \left(1+\frac{1}{\sqrt{3}}\right)\left(+\frac{1}{\sqrt{3}}\right)\times 1.0\right] = \frac{1}{3}$$

【例5.4】 如图5.11所示4结点四边形等参元，计算有限单元刚度矩阵所需的表达式。

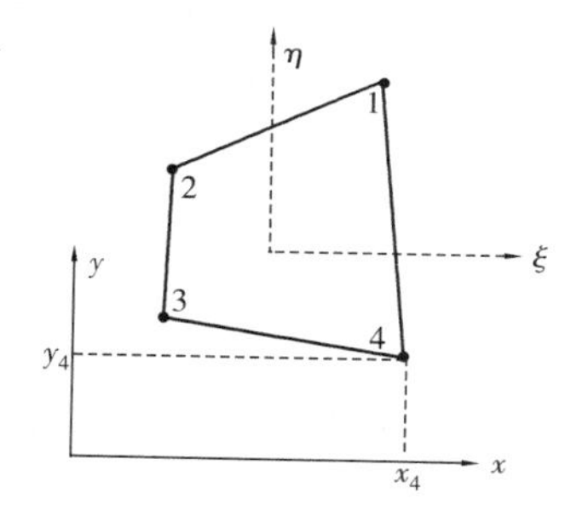

图5.11　二维4结点单元

【解】 母单元的形函数为

$$N_i = \frac{1}{4}(1+\xi_0)(1+\eta_0) \qquad (i=1,2,3,4)$$

由坐标变换式

$$\left.\begin{aligned} x &= \sum_{i=1}^{4} N_i x_i \\ y &= \sum_{i=1}^{4} N_i y_i \end{aligned}\right\}$$

可得到

$$x = \frac{1}{4}\{(1+\xi)(1+\eta)x_1 + (1-\xi)(1+\eta)x_2 + (1-\xi)(1-\eta)x_3 + (1+\xi)(1-\eta)x_4\}$$

$$y = \frac{1}{4}\{(1+\xi)(1+\eta)y_1 + (1-\xi)(1+\eta)y_2 + (1-\xi)(1-\eta)y_3 + (1+\xi)(1-\eta)y_4\}$$

代入位移插值函数得

$$u = \frac{1}{4}\{(1+\xi)(1+\eta)u_1 + (1-\xi)(1+\eta)u_2 + (1-\xi)(1-\eta)u_3 + (1+\xi)(1-\eta)u_4\}$$

$$v = \frac{1}{4}\{(1+\xi)(1+\eta)v_1 + (1-\xi)(1+\eta)v_2 + (1-\xi)(1-\eta)v_3 + (1+\xi)(1-\eta)v_4\}$$

单元的应变由下式给出

$$\boldsymbol{\varepsilon}^{\mathrm{T}} = [\varepsilon_x \quad \varepsilon_y \quad \gamma_{xy}]$$

其中

$$\varepsilon_x = \frac{\partial u}{\partial x};\varepsilon_y = \frac{\partial v}{\partial y};\gamma_{xy} = \frac{\partial u}{\partial y} + \frac{\partial v}{\partial x}$$

为了计算位移导数

$$\begin{bmatrix} \dfrac{\partial}{\partial \xi} \\ \dfrac{\partial}{\partial \eta} \end{bmatrix} = \begin{bmatrix} \dfrac{\partial x}{\partial \xi} & \dfrac{\partial y}{\partial \xi} \\ \dfrac{\partial x}{\partial \eta} & \dfrac{\partial y}{\partial \eta} \end{bmatrix} \begin{bmatrix} \dfrac{\partial}{\partial x} \\ \dfrac{\partial}{\partial y} \end{bmatrix}$$

其中

$$\frac{\partial x}{\partial \xi} = \frac{1}{4}(1+\eta)x_1 - \frac{1}{4}(1+\eta)x_2 - \frac{1}{4}(1-\eta)x_3 + \frac{1}{4}(1+\eta)x_4$$

$$\frac{\partial x}{\partial \eta} = \frac{1}{4}(1+\xi)x_1 + \frac{1}{4}(1-\xi)x_2 - \frac{1}{4}(1-\xi)x_3 - \frac{1}{4}(1+\xi)x_4$$

$$\frac{\partial y}{\partial \xi} = \frac{1}{4}(1+\eta)y_1 - \frac{1}{4}(1+\eta)y_2 - \frac{1}{4}(1-\eta)y_3 + \frac{1}{4}(1+\eta)y_4$$

$$\frac{\partial y}{\partial \eta} = \frac{1}{4}(1+\xi)y_1 + \frac{1}{4}(1-\xi)y_2 - \frac{1}{4}(1-\xi)y_3 - \frac{1}{4}(1+\xi)y_4$$

因此,对于 -1 到 1 中的任意 ξ 和 η 都可以使用表达式 $\partial x/\partial \xi$,$\partial x/\partial \eta$ 和 $\partial y/\partial \xi$,$\partial y/\partial \eta$ 构成 Jacobi 算子 $\boldsymbol{J}$,假设在 $\xi=\xi_i$ 和 $\eta=\eta_i$ 处计算 $\boldsymbol{J}$,而用 $\boldsymbol{J}_{ij}$表示算子 $\boldsymbol{J}$,det$\boldsymbol{J}$ 表示行列式,则有

$$\begin{bmatrix} \dfrac{\partial}{\partial x} \\ \dfrac{\partial}{\partial y} \end{bmatrix}_{\substack{在\xi=\xi_i \\ \eta=\eta_j}} = \boldsymbol{J}_{ij}^{-1} \begin{bmatrix} \dfrac{\partial}{\partial \xi} \\ \dfrac{\partial}{\partial \eta} \end{bmatrix}_{\substack{在\xi=\xi_i \\ \eta=\eta_j}}$$

为了计算单元应变,使用如下公式

$$\frac{\partial u}{\partial \xi} = \frac{1}{4}(1+\eta)u_1 - \frac{1}{4}(1+\eta)u_2 - \frac{1}{4}(1-\eta)u_3 + \frac{1}{4}(1-\eta)u_4$$

$$\frac{\partial u}{\partial \eta} = \frac{1}{4}(1+\xi)u_1 + \frac{1}{4}(1-\xi)u_2 - \frac{1}{4}(1-\xi)u_3 - \frac{1}{4}(1+\xi)u_4$$

$$\frac{\partial v}{\partial \xi} = \frac{1}{4}(1+\eta)v_1 - \frac{1}{4}(1+\eta)v_2 - \frac{1}{4}(1-\eta)v_3 + \frac{1}{4}(1-\eta)v_4$$

$$\frac{\partial v}{\partial \eta} = \frac{1}{4}(1+\xi)v_1 + \frac{1}{4}(1-\xi)v_2 - \frac{1}{4}(1-\xi)v_3 - \frac{1}{4}(1+\xi)v_4$$

因此

$$\begin{bmatrix} \dfrac{\partial u}{\partial x} \\ \dfrac{\partial u}{\partial y} \end{bmatrix}_{\substack{在\xi=\xi_i \\ \eta=\eta_j}} = \frac{1}{4}\boldsymbol{J}_{ij}^{-1} \begin{bmatrix} 1+\eta_j & 0 & -(1+\eta_j) & 0 & -(1-\eta_j) & 0 & 1-\eta_j & 0 \\ 1+\xi_i & 0 & 1-\xi_i & 0 & -(1-\xi_i) & 0 & -(1+\xi_i) & 0 \end{bmatrix} \delta^e \quad \text{(a)}$$

$$\begin{bmatrix} \dfrac{\partial v}{\partial x} \\ \dfrac{\partial v}{\partial y} \end{bmatrix}_{\substack{\text{在}\xi=\xi_i \\ \eta=\eta_j}} = \frac{1}{4}\boldsymbol{J}_{ij}^{-1}\begin{bmatrix} 0 & 1+\eta_j & 0 & -(1+\eta_j) & 0 & -(1-\eta_j) & 0 & 1-\eta_j \\ 0 & 1+\xi_i & 0 & 1-\xi_i & 0 & -(1-\xi_i) & 0 & -(1+\xi_i) \end{bmatrix}\delta^e \quad \text{(b)}$$

其中

$$(\boldsymbol{\delta}^e)^{\mathrm{T}} = [u_1 \quad v_1 \quad u_2 \quad v_2 \quad u_3 \quad v_3 \quad u_4 \quad v_4]$$

计算式(a)和式(b),可以建立点(ξ_i,η_j)处$\boldsymbol{B}_{ij}$计算的公式。例如,如果$x=\xi,y=\eta$(即一个方形单元的刚度矩阵要求边长为2),Jacobi算子是单位矩阵,因此有

$$\boldsymbol{B}_{ij} = \frac{1}{4}\begin{bmatrix} 1+\eta_j & 0 & -(1+\eta_j) & 0 & -(1-\eta_j) & 0 & 1-\eta_j & 0 \\ 0 & 1+\xi_i & 0 & 1-\xi_i & 0 & -(1-\xi_i) & 0 & -(1+\xi_i) \\ 1+\xi_i & 1+\eta_j & 1-\xi_i & -(1+\eta_j) & -(1-\xi_i) & -(1-\eta_j) & -(1+\xi_i) & 1-\eta_j \end{bmatrix}$$

由此可得对于4结点四边形,有

$$\boldsymbol{k} = \int_{-1}^{1}\int_{-1}^{1}\boldsymbol{B}^{\mathrm{T}}\boldsymbol{D}\boldsymbol{B}t\,|\boldsymbol{J}|\,\mathrm{d}\xi\mathrm{d}\eta = \int_{-1}^{1}\int_{-1}^{1}\boldsymbol{F}t\,\mathrm{d}\xi\mathrm{d}\eta$$

$\boldsymbol{F}=\boldsymbol{B}^{\mathrm{T}}\boldsymbol{D}\boldsymbol{B}\,|\boldsymbol{J}|$,而积分是在单元的自然坐标下进行的。如上所述的$\boldsymbol{F}$的元素依赖于$\xi,\eta$,但通常不计算具体的函数关系。使用数值积分,可按如下方程式计算刚度矩阵

$$\boldsymbol{F}_{ij} = \boldsymbol{B}_{ij}^{\mathrm{T}}\boldsymbol{D}\boldsymbol{B}_{ij}\,|\boldsymbol{J}|$$

$$\boldsymbol{k} = \sum_{i,j} t_{ij}\alpha_{ij}\boldsymbol{F}_{ij}$$

其中,t_{ij}是单元在采样点(ξ_i,η_j)处的厚度(在平面应变分析中$t_{ij}=1.0$)。在给定矩阵$\boldsymbol{F}_{ij}$和加权因子α_{ij}可用的情况下,能方便地计算所需的刚度矩阵。

在实际应用中,应该注意到在计算$\boldsymbol{J}_{ij}$,式(a)和式(b)定义的位移导数矩阵时,只需要插值函数$N_1,\cdots,N_4$的8个可能的导数。因此,最好是开始计算$\boldsymbol{B}_{ij}$时就计算点(ξ_i,η_j)对应的导数,且在任何需要它们的时候使用即可。

6

杆系结构单元分析

杆系结构是工程中常见的结构体系,在有限单元法分析中其构件(即传统意义上的杆或梁)由于其明显的几何特征,一般可取作一个独立单元,称作杆或梁单元,整体结构可形成自然离散体系,而且杆或梁单元受力与位移间的关系易于求得,物理概念清晰,较为直观。

工程结构分析中,以空间杆单元和基于 Timoshenko 梁理论的空间梁单元应用较为广泛,本章介绍了这两类单元的特性,所采用的分析方法、表达方式以及涉及的一些概念,有助于对比结构力学中矩阵位移法和有限元法的异同。

6.1 一维杆单元

所谓一维杆单元是指杆的轴线与某一坐标轴重合的杆单元。

▶ 6.1.1 单元位移函数

一维杆单元只能承受沿杆轴线方向的拉力或压力,并且只有沿杆的轴线方向的位移。

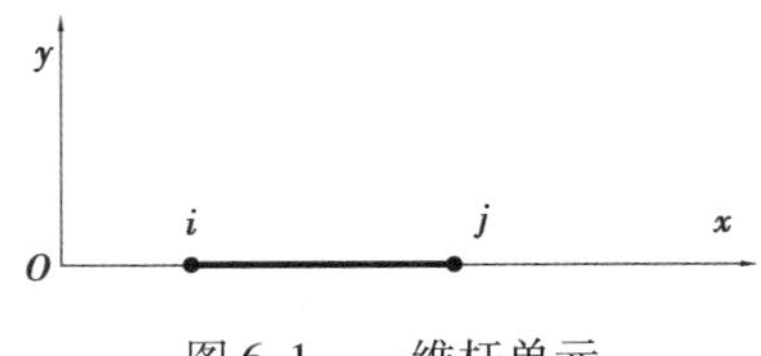

图 6.1 一维杆单元

图 6.1 中为轴线与 x 轴重合的一个等截面直杆单元,令杆单元的横截面积为 A,长度为

L,弹性模量 E。单元有两个结点,坐标分别为 x_i 和 x_j(则 $L=x_j-x_i$),两个结点的位移分别为 u_i 和 u_j,单元的结点位移可用列阵表示为

$$\boldsymbol{\delta}^e=[u_i \quad u_j]^{\mathrm{T}} \tag{6.1}$$

因为单元只有两个结点位移,所以单元位移函数取为坐标的线性函数,即

$$u=\beta_1+\beta_2 x \tag{6.2}$$

式中,β_1 和 β_2 为待定系数,可由单元结点位移条件确定,即当 $x=x_i$ 时,$u=u_i$,当 $x=x_j$ 时,$u=u_j$,这样就有

$$\left.\begin{aligned}u_i&=\beta_1+\beta_2 x_i\\u_j&=\beta_1+\beta_2 x_j\end{aligned}\right\} \tag{6.3}$$

由式(6.3)解出 β_1,β_2,再将 β_1,β_2 代入式(6.2)可得

$$u=u_i-\frac{u_j-u_i}{L}x_i+\frac{u_j-u_i}{L}x=\frac{x_j-x}{L}u_i-\frac{x_i-x}{L}u_j \tag{6.4}$$

式(6.4)可写为如下矩阵形式

$$\boldsymbol{u}=\boldsymbol{N}\boldsymbol{\delta}^e \tag{6.5}$$

其中,$\boldsymbol{N}=[N_1 \quad N_2]$是形函数矩阵,$\boldsymbol{\delta}^e=[u_i \quad u_j]^{\mathrm{T}}$ 是单元结点位移列阵。

N_1 和 N_2 分别为

$$\left.\begin{aligned}N_1&=\frac{1}{L}(x_j-x)\\N_2&=-\frac{1}{L}(x_i-x)\end{aligned}\right\} \tag{6.6}$$

▶ 6.1.2 单元应变

一维杆单元只有轴向应变,所以轴向应变为

$$\boldsymbol{\varepsilon}=\frac{\mathrm{d}u}{\mathrm{d}x} \tag{6.7}$$

将式(6.5)代入式(6.7),得

$$\boldsymbol{\varepsilon}=\frac{\mathrm{d}u}{\mathrm{d}x}=\left[\frac{\mathrm{d}N_1}{\mathrm{d}x} \quad \frac{\mathrm{d}N_2}{\mathrm{d}x}\right]\begin{Bmatrix}u_i\\u_j\end{Bmatrix} \tag{6.8}$$

$$\boldsymbol{B}=\left[\frac{\mathrm{d}N_1}{\mathrm{d}x} \quad \frac{\mathrm{d}N_2}{\mathrm{d}x}\right]=\frac{1}{L}[-1 \quad 1] \tag{6.9}$$

则有

$$\boldsymbol{\varepsilon}=\boldsymbol{B}\boldsymbol{\delta}^e \tag{6.10}$$

其中,$\boldsymbol{B}$ 为单元几何矩阵。

▶ 6.1.3 单元应力

由胡克定律,可得到单元应力为

$$\boldsymbol{\sigma}=\boldsymbol{D}\boldsymbol{\varepsilon}=E\boldsymbol{B}\boldsymbol{\varepsilon}=\boldsymbol{S}\boldsymbol{\delta}^e \tag{6.11}$$

其中,$\boldsymbol{S}$ 为单元应力转换矩阵,即

$$S = EB = \frac{E}{L}[\,-1 \quad 1\,] \tag{6.12}$$

▶ 6.1.4 单元刚度矩阵

令单元的结点虚位移$(\boldsymbol{\delta}^e)^* = [\,u_i^* \quad u_j^*\,]^{\mathrm{T}}$,单元虚位移函数采用与单元位移函数相同的形式,即分别取单元虚位移函数$\boldsymbol{u}^*$和单元虚应变$\boldsymbol{\varepsilon}^*$为

$$\left.\begin{aligned} \boldsymbol{u}^* &= \boldsymbol{N}(\boldsymbol{\delta}^e)^* \\ \boldsymbol{\varepsilon}^* &= \boldsymbol{B}(\boldsymbol{\delta}^e)^* \end{aligned}\right\} \tag{6.13}$$

其中,$\boldsymbol{N}$和$\boldsymbol{B}$分别为形函数矩阵和应变矩阵,分别见式(6.6)和式(6.9)。

根据虚位移原理,当发生约束允许的任意微小的虚位移时,外力在虚位移上所做的虚功等于单元的应力在虚应变上所做的虚功。

令单元的结点力为F_{ix}^e,F_{jx}^e,以列阵表示,则为

$$\boldsymbol{F}^e = [\,F_{ix}^e \quad F_{jx}^e\,]^{\mathrm{T}} \tag{6.14}$$

外力在虚位移上所做的虚功为结点力与相应的结点虚位移u_i^*,u_j^*的乘积,即

$$u_i^* F_{ix}^e + u_j^* F_{jx}^e = ((\boldsymbol{\delta}^e)^*)^{\mathrm{T}} \boldsymbol{F}^e \tag{6.15}$$

单元应力在虚应变上所做的虚功为

$$\int_{V_e} (\boldsymbol{\varepsilon}^*)^{\mathrm{T}} \boldsymbol{\sigma} \mathrm{d}V = \int_{V_e} ((\boldsymbol{\delta}^e)^*)^{\mathrm{T}} \boldsymbol{B}^{\mathrm{T}} E \boldsymbol{B} \boldsymbol{\delta}^e \mathrm{d}V \tag{6.16}$$

式中 V_e——单元体积。

根据虚位移原理,可得

$$((\boldsymbol{\delta}^e)^*)^{\mathrm{T}} \boldsymbol{F}^e = ((\boldsymbol{\delta}^e)^*)^{\mathrm{T}} \int_{V_e} \boldsymbol{B}^{\mathrm{T}} E \boldsymbol{B} \boldsymbol{\delta}^e \mathrm{d}V \tag{6.17}$$

因为虚应变是任意的,所以,为使上式成立,等式两边与$((\boldsymbol{\delta}^e)^*)^{\mathrm{T}}$相乘的部分应该相等,即

$$\boldsymbol{F}^e = \int_{V_e} \boldsymbol{B}^{\mathrm{T}} E \boldsymbol{B} \mathrm{d}V \boldsymbol{\delta}^e \tag{6.18}$$

若记

$$\boldsymbol{k} = \int_{V_e} \boldsymbol{B}^{\mathrm{T}} E \boldsymbol{B} \mathrm{d}V \tag{6.19}$$

则式(6.19)可以表示为

$$\boldsymbol{F}^e = \boldsymbol{k} \boldsymbol{\delta}^e \tag{6.20}$$

这就是表示单元结点力与结点位移关系的单元刚度矩阵方程,而$\boldsymbol{k}$就是单元刚度矩阵。因为对于杆单元,$\mathrm{d}V = A\mathrm{d}x$,所以

$$\boldsymbol{k} = EA \int_L \boldsymbol{B}^{\mathrm{T}} \boldsymbol{B} \mathrm{d}x \tag{6.21}$$

式中 L——单元长度。

将式(6.9)代入式(6.21),便可得到单元刚度矩阵的显式表示式

$$\boldsymbol{k} = \frac{EA}{L} \begin{bmatrix} 1 & -1 \\ -1 & 1 \end{bmatrix} \tag{6.22}$$

$$
=\frac{EA}{L}\begin{bmatrix}
\cos^2\alpha & & & & & \text{对称} \\
 & \cos^2\beta & & & & \\
\cos\alpha\cos\gamma & \cos\beta\cos\gamma & \cos^2\gamma & & & \\
-\cos^2\alpha & -\cos\alpha\cos\beta & -\cos\alpha\cos\gamma & \cos^2\alpha & & \\
-\cos\alpha\cos\beta & -\cos^2\beta & -\cos\beta\cos\gamma & \cos\alpha\cos\beta & \cos^2\beta & \\
-\cos\alpha\cos\gamma & -\cos\beta\cos\gamma & -\cos^2\gamma & \cos\alpha\cos\gamma & \cos\beta\cos\gamma & \cos^2\gamma
\end{bmatrix} \tag{6.45}
$$

式中　V_e——单元体积；

A——单元横截面面积；

L——单元长度。

6.3　一维梁单元

如图 6.4 所示梁单元，令梁的轴线与坐标 x 轴重合，单元的两个结点分别为 i 和 j。根据梁的变形特点，每个结点有 3 个位移，沿 x 和 y 方向的位移 u 和 v 以及绕 z 轴的转角 θ_z；每个结点有 3 个结点力，轴力 F_N，剪力 F_S 和弯矩 M。

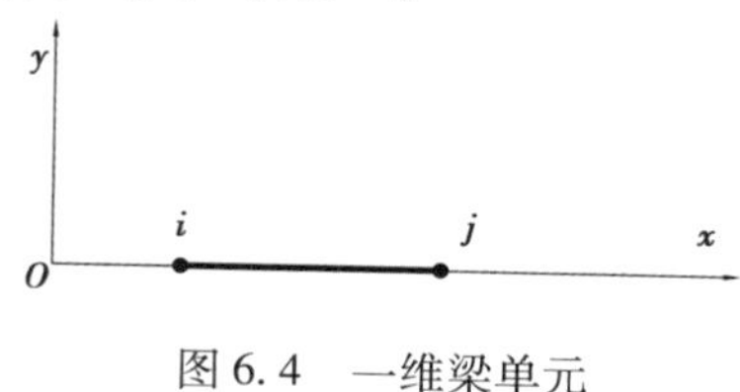

图 6.4　一维梁单元

▶　6.3.1　单元位移函数

单元的每个结点有 3 个广义位移——沿 x 和 y 方向的位移 u 和 v 以及绕 z 轴的转角 θ_z，每个单元沿梁的轴线方向只有 2 个轴向结点位移——u_i，u_j，所以单元的轴向位移取坐标的线性函数。而每个单元与 y 向位移有关的结点位移有 4 个——v_i，θ_{iz}，v_j，θ_{jz}，所以单元的 y 向位移取坐标的 3 次函数，即

$$
\left.\begin{aligned}
u &= \alpha_1 + \alpha_2 x \\
v &= \beta_1 + \beta_2 x + \beta_3 x^2 + \beta_4 x^3
\end{aligned}\right\} \tag{6.46}
$$

式中，α_1，α_2，β_1，β_2，β_3，β_4 为待定常数，可由单元结点位移条件确定，即

$$
\text{当 } x = x_i \text{ 时}, u = u_i, v = v_i, \theta_z = \frac{\mathrm{d}v}{\mathrm{d}x} = \theta_{iz}
$$

$$
\text{当 } x = x_j \text{ 时}, u = u_j, v = v_j, \theta_z = \frac{\mathrm{d}v}{\mathrm{d}x} = \theta_{jz}
$$

则有

$$
\left.\begin{aligned}
u_i &= \alpha_1 + \alpha_2 x_i \\
u_j &= \alpha_1 + \alpha_2 x_j
\end{aligned}\right\} \tag{6.47}
$$

$$\left.\begin{aligned}v_i&=\beta_1+\beta_2x_i+\beta_3x_i^2+\beta_4x_i^3\\\theta_{iz}&=0+\beta_2+2\beta_3x_i+3\beta_4x_i^2\\v_j&=\beta_1+\beta_2x_j+\beta_3x_j^2+\beta_4x_j^3\\\theta_{jz}&=0+\beta_2+2\beta_3x_j+3\beta_4x_j^2\end{aligned}\right\}\tag{6.48}$$

由式(6.47)和式(6.48)分别解出 α_1,α_2 和 $\beta_1,\beta_2,\beta_3,\beta_4$，并代回式(6.46)，得

$$u=\left[\frac{1}{L}(x_j-x)\quad -\frac{1}{L}(x_i-x)\right]\begin{Bmatrix}u_i\\u_j\end{Bmatrix}=[N_1\quad N_2]\begin{Bmatrix}u_i\\u_j\end{Bmatrix}$$

$$v=[1\quad x\quad x^2\quad x^3]\begin{bmatrix}1&0&0&0\\0&1&0&0\\\frac{-3}{L^2}&\frac{-2}{L}&\frac{3}{L^2}&\frac{-1}{L}\\\frac{2}{L^3}&\frac{1}{L}&\frac{-2}{L^3}&\frac{1}{L^2}\end{bmatrix}\begin{Bmatrix}v_i\\\theta_{iz}\\v_j\\\theta_{jz}\end{Bmatrix}\tag{6.49}$$

$$=[N_3\quad N_4\quad N_5\quad N_6]\begin{Bmatrix}v_i\\\theta_{iz}\\v_j\\\theta_{jz}\end{Bmatrix}$$

式中　L——单元长度。

将式(6.49)中的两式合写在一起，并以矩阵形式表示，则有

$$\boldsymbol{u}=\begin{Bmatrix}u\\v\end{Bmatrix}=\begin{bmatrix}N_1&0&0&N_2&0&0\\0&N_3&N_4&0&N_5&N_6\end{bmatrix}\begin{Bmatrix}u_i\\v_i\\\theta_{iz}\\u_j\\v_j\\\theta_{jz}\end{Bmatrix}=\boldsymbol{N\delta}^e\tag{6.50}$$

式中　$\boldsymbol{N}$——形函数矩阵；

$\boldsymbol{\delta}^e$——单元结点位移列阵，即

$$\boldsymbol{N}=\begin{bmatrix}N_1&0&0&N_2&0&0\\0&N_3&N_4&0&N_5&N_6\end{bmatrix}\tag{6.51}$$

$$\boldsymbol{\delta}^e=[u_i\quad v_i\quad \theta_{iz}\quad u_j\quad v_j\quad \theta_{jz}]^{\mathrm{T}}\tag{6.52}$$

而

$$\left.\begin{aligned}&N_1=\frac{1}{L}(x_j-x)\quad N_2=-\frac{1}{L}(x_i-x)\quad N_3=1-\frac{3x^2}{L^2}+\frac{2x^3}{L^3}\\&N_4=x-\frac{2x^2}{L}+\frac{x^3}{L^2}\quad N_5=\frac{3x^2}{L^2}-\frac{2x^3}{L^3}\quad N_6=\frac{-x^2}{L}+\frac{x^3}{L^2}\end{aligned}\right\}$$

6.3.2 单元应变和单元应力

梁单元受到拉压和弯曲变形后,其应变可分为两部分:拉压应变 $\boldsymbol{\varepsilon}_t$ 和弯曲应变 $\boldsymbol{\varepsilon}_b$。如果略去剪切变形的影响,则单元应变为

$$\boldsymbol{\varepsilon}=\begin{Bmatrix}\varepsilon_t\\ \varepsilon_b\end{Bmatrix}=\begin{Bmatrix}\dfrac{\mathrm{d}u}{\mathrm{d}x}\\ -y\dfrac{\mathrm{d}^2v}{\mathrm{d}x^2}\end{Bmatrix}$$

$$=\begin{bmatrix}\dfrac{\mathrm{d}N_1}{\mathrm{d}x} & 0 & 0 & \dfrac{\mathrm{d}N_2}{\mathrm{d}x} & 0 & 0\\ 0 & -y\dfrac{\mathrm{d}^2N_3}{\mathrm{d}x^2} & -y\dfrac{\mathrm{d}^2N_4}{\mathrm{d}x^2} & 0 & -y\dfrac{\mathrm{d}^2N_5}{\mathrm{d}x^2} & -y\dfrac{\mathrm{d}^2N_6}{\mathrm{d}x^2}\end{bmatrix}\begin{Bmatrix}u_i\\ v_i\\ \theta_{iz}\\ u_j\\ v_j\\ \theta_{jz}\end{Bmatrix} \tag{6.53}$$

若令

$$\boldsymbol{B}=\begin{bmatrix}\dfrac{\mathrm{d}N_1}{\mathrm{d}x} & 0 & 0 & \dfrac{\mathrm{d}N_2}{\mathrm{d}x} & 0 & 0\\ 0 & -y\dfrac{\mathrm{d}^2N_3}{\mathrm{d}x^2} & -y\dfrac{\mathrm{d}^2N_4}{\mathrm{d}x^2} & 0 & -y\dfrac{\mathrm{d}^2N_5}{\mathrm{d}x^2} & -y\dfrac{\mathrm{d}^2N_6}{\mathrm{d}x^2}\end{bmatrix}$$

$$=\begin{bmatrix}\dfrac{-1}{L} & 0 & 0 & \dfrac{1}{L} & 0 & 0\\ 0 & -y\left(\dfrac{-6}{L^2}+\dfrac{12x}{L^3}\right) & -y\left(\dfrac{-4}{L^2}+\dfrac{6x}{L^2}\right) & 0 & -y\left(\dfrac{6}{L^2}-\dfrac{12x}{L^3}\right) & -y\left(\dfrac{-2}{L}+\dfrac{6x}{L^2}\right)\end{bmatrix} \tag{6.54}$$

则式(6.53)可写为

$$\boldsymbol{\varepsilon}=\begin{Bmatrix}\varepsilon_t\\ \varepsilon_b\end{Bmatrix}=\boldsymbol{B}\boldsymbol{\delta}^e \tag{6.55}$$

其中,$\boldsymbol{B}$ 为单元应变矩阵,而单元应力为

$$\boldsymbol{\sigma}=E\boldsymbol{B}\boldsymbol{\delta}^e \tag{6.56}$$

6.3.3 单元刚度矩阵

单元刚度矩阵可由虚位移原理导出。假定单元的虚位移函数与单元位移函数的形式相同,即参照式(6.50)、式(6.55),则单元虚位移 $(\boldsymbol{\delta}^e)^*$ 和单元虚应变 $\boldsymbol{\varepsilon}^*$ 可以写为

$$\boldsymbol{u}^*=\boldsymbol{N}(\boldsymbol{\delta}^e)^*$$
$$\boldsymbol{\varepsilon}^*=\boldsymbol{B}(\boldsymbol{\delta}^e)^*$$

式中,$\boldsymbol{N}$ 为形函数矩阵,$(\boldsymbol{\delta}^e)^*$ 为单元的结点虚位移列阵,即

$$(\boldsymbol{\delta}^e)^*=[u_i^*\quad v_i^*\quad \theta_{iz}^*\quad u_j^*\quad v_j^*\quad \theta_{jz}^*]^{\mathrm{T}}$$
$$\boldsymbol{\varepsilon}^*=\boldsymbol{B}(\boldsymbol{\delta}^e)^*$$

单元应力在虚应变上所做的虚功为

$$\int_{V_e} (\boldsymbol{\varepsilon}^*)^{\mathrm{T}} \boldsymbol{\sigma} \mathrm{d}V = (\boldsymbol{\delta}^e)^* E \int_{V_e} \boldsymbol{B}^{\mathrm{T}} \boldsymbol{B} \boldsymbol{\delta}^e \mathrm{d}V \tag{6.57}$$

式中　V_e——单元体积。

将单元结点力记为

$$\boldsymbol{F}^e = [F_{Ni} \quad F_{Si} \quad M_i \quad F_{Nj} \quad F_{Sj} \quad M_j]^{\mathrm{T}}$$

式中　F_N——单元的轴力；

F_S——y 方向的剪力；

M——绕 Z 轴的弯矩。

单元结点力在虚位移上所做的虚功为

$$((\boldsymbol{\delta}^e)^*)^{\mathrm{T}} \boldsymbol{F}^e \tag{6.58}$$

由虚位移原理，可得

$$((\boldsymbol{\delta}^e)^*)^{\mathrm{T}} \boldsymbol{F}^e = ((\boldsymbol{\delta}^e)^*)^{\mathrm{T}} E \int_{V_e} \boldsymbol{B}^{\mathrm{T}} \boldsymbol{B} \boldsymbol{\delta}^e \mathrm{d}V \tag{6.59}$$

因为虚位移是任意的，所以为使式(6.59)成立，等式两边与$((\delta^e)^*)^{\mathrm{T}}$相乘的项应该相等，即

$$\boldsymbol{F}^e = E \int_{V_e} \boldsymbol{B}^{\mathrm{T}} \boldsymbol{B} \boldsymbol{\delta}^e \mathrm{d}V \tag{6.60}$$

若记

$$\boldsymbol{k} = E \int_{V_e} \boldsymbol{B}^{\mathrm{T}} \boldsymbol{B} \mathrm{d}V \tag{6.61}$$

则式(6.60)可以写为如下形式

$$\boldsymbol{F}^e = \boldsymbol{k} \boldsymbol{\delta}^e \tag{6.62}$$

这就是表示梁单元的结点力与结点位移关系的单元刚度方程，而 $\boldsymbol{k}$ 即为单元刚度矩阵。将式(6.54)代入式(6.61)，并经过积分运算，可以得到梁单元刚度矩阵的如下显式表达式

$$\boldsymbol{k} = \begin{bmatrix} \frac{EA}{L} & 0 & 0 & -\frac{EA}{L} & 0 & 0 \\ 0 & \frac{12EI}{L^3} & \frac{6EI}{L^2} & 0 & -\frac{12EI}{L^3} & \frac{6EI}{L^2} \\ 0 & \frac{6EI}{L^2} & \frac{4EI}{L} & 0 & -\frac{6EI}{L^2} & \frac{2EI}{L} \\ -\frac{EA}{L} & 0 & 0 & \frac{EA}{L} & 0 & 0 \\ 0 & -\frac{12EI}{L^3} & -\frac{6EI}{L^2} & 0 & \frac{12EI}{L^3} & -\frac{6EI}{L^2} \\ 0 & \frac{6EI}{L^2} & \frac{2EI}{L} & 0 & -\frac{6EI}{L^2} & \frac{4EI}{L} \end{bmatrix} \tag{6.63}$$

式中　A——单元的横截面面积；

I——横截面惯性矩；

其中,$\boldsymbol{k}'$是局部坐标系下的三维梁单元的刚度矩阵,见式(6.77),$\boldsymbol{T}$ 是三维转换矩阵,转换矩阵可以根据单元的总体结点坐标求出,具体计算方法可参考有关文献。

$$\boldsymbol{k}' = \begin{bmatrix} \frac{EA}{L} & 0 & 0 & 0 & 0 & 0 & -\frac{EA}{L} & 0 & 0 & 0 & 0 & 0 \\ 0 & \frac{12EI_z}{L^3} & 0 & 0 & 0 & \frac{6EI_z}{L^2} & 0 & \frac{-12EI_z}{L^3} & 0 & 0 & 0 & \frac{6EI_z}{L^2} \\ 0 & 0 & \frac{12EI_y}{L^3} & 0 & \frac{-6EI_y}{L^2} & 0 & 0 & 0 & \frac{-12EI_y}{L^3} & 0 & \frac{-6EI_y}{L^2} & 0 \\ 0 & 0 & 0 & \frac{GJ_k}{L} & 0 & 0 & 0 & 0 & 0 & \frac{-GJ_k}{L} & 0 & 0 \\ 0 & 0 & \frac{-6EI_y}{L^2} & 0 & \frac{4EI_y}{L} & 0 & 0 & 0 & \frac{6EI_y}{L^2} & 0 & \frac{2EI_y}{L} & 0 \\ 0 & \frac{6EI_z}{L^2} & 0 & 0 & 0 & \frac{4EI_z}{L} & 0 & \frac{-6EI_z}{L^2} & 0 & 0 & 0 & \frac{2EI_z}{L} \\ -\frac{EA}{L} & 0 & 0 & 0 & 0 & 0 & \frac{EA}{L} & 0 & 0 & 0 & 0 & 0 \\ 0 & \frac{-12EI_z}{L^3} & 0 & 0 & 0 & \frac{-6EI_z}{L^2} & 0 & \frac{12EI_z}{L^3} & 0 & 0 & 0 & \frac{-6EI_z}{L^2} \\ 0 & 0 & \frac{-12EI_y}{L^3} & 0 & \frac{6EI_y}{L^2} & 0 & 0 & 0 & \frac{12EI_y}{L^3} & 0 & \frac{6EI_y}{L^2} & 0 \\ 0 & 0 & 0 & \frac{-GJ_k}{L} & 0 & 0 & 0 & 0 & 0 & \frac{GJ_k}{L} & 0 & 0 \\ 0 & 0 & \frac{-6EI_y}{L^2} & 0 & \frac{2EI_y}{L} & 0 & 0 & 0 & \frac{-6EI_y}{L^2} & 0 & \frac{4EI_y}{L} & 0 \\ 0 & \frac{6EI_z}{L^2} & 0 & 0 & 0 & \frac{2EI_z}{L} & 0 & \frac{6EI_z}{L^2} & 0 & 0 & 0 & \frac{4EI_z}{L} \end{bmatrix} \tag{6.77}$$

在式(6.77)中,A 为横截面面积,L 是单元长度,I_y 和 I_z 分别为横截面对 y',z'轴的主惯性矩,J_k 是扭转惯性矩,E 和 G 是弹性模量和剪切模量。

7 弹性薄板弯曲问题

如图 7.1 所示平板结构为一等厚平板，平分板厚的中间平面，称作板的中面。

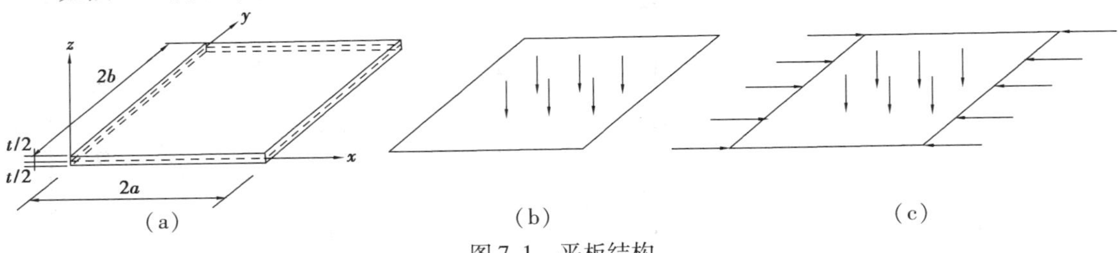

图 7.1　平板结构

平板结构在静力荷载范围内，主要承受两种形式的荷载，即外力系作用于板的中面内，外力垂直于板的中面的横向荷载。前者使得板面内产生拉伸、压缩和剪切变形，此时平板的变形仍保持平面状态。这类问题是第 2 章已经讨论过的平面应力问题。后者使得板发生的弯曲、扭转变形，此时平板变形后不再保持平面形状而像梁一样产生弯曲和扭转，这类问题称为平板弯曲问题。实际上，平板可能同时承受横向与纵向两种荷载。

在外力作用下，平板内部将产生内力。平板的内力可分为两类，即弯曲内力和薄膜内力。使板发生弯扭变形的内力，即弯矩、扭矩和横向剪力，称为弯曲内力；使板面内产生拉、压和剪切变形的内力，即指作用于板面内拉、压和剪切力，称为薄膜内力。

对于平板结构分类，从其受力与变形的状况而言，一般来说，当平板中面最大挠度 w 远小于板厚 t 时，通常称这类问题为平板的小挠度弯曲问题，此时，弯曲内力≫薄膜内力，因而可以不考虑薄膜内力产生的中面变形；当 w 与 t 的大小在量级上相当时，通常称为平板的大挠度弯曲问题，即几何非线性问题，此时，弯曲内力与薄膜内力的大小在量级上亦相当；当 $w \gg t$ 时，弯曲内力≪薄膜内力，可以略而不计，此时，仅考虑薄膜内力产生的中面变形，平板退化为膜结构。当然,以上3类平板并没有严格的界限,应根据实际问题的需求,选择相应的简化与分析方法。

从几何形态来看,当板的厚度 t 远小于中面最小尺寸时,称其为薄板。

本章仅针对小挠度薄板弯曲问题,介绍常用的矩形单元的分析方法与过程。

7.1 薄板弯曲的基本方程

本节介绍小挠度薄板弯曲问题的基本方程,变形与内力的关系。

如图7.1所示为等厚薄板(厚度为 $t,t \ll a,b$)。平分板厚的中间平面,称作板的中面。选择坐标系时,通常取中面为 $x\text{-}y$ 面,z 轴则垂直于板中面。

薄板在垂直于板中面荷载作用下的变形和受力状态有如下特点:

①中面上任一点沿 z 轴方向产生挠度 w。

②板中面发生弯曲变形成为曲面,称作弹性曲面或挠曲面。弹性曲面发生弯扭变形。

③在板任一横截面上产生弯矩、扭矩和横向剪力。

▶ 7.1.1 基本假定

在薄板小挠度弯曲问题中,通常采用下列基本假定,即Kirchhoff假定:

①中面法线在变形后保持不伸缩,仍为弹性曲面的法线。

②板弯曲时,板中面不产生平行于中面的位移。

③忽略应力 σ_z 对变形的影响。

▶ 7.1.2 小挠度薄板弯曲问题基本方程

根据基本假定(1),有

$$\varepsilon_z = 0,\ \gamma_{zx} = 0,\ \gamma_{yz} = 0 \tag{7.1}$$

于是由几何方程(1.6)第三式则有:$\dfrac{\partial w}{\partial z} = 0$,从而得到

$$w = w(x,y) \tag{7.2}$$

这就是说,横向位移 w 只是 x,y 的函数,不随 z 而变。因此,在中面的任一根法线上的点都具有相同的横向位移,也就等于挠度。

根据式(7.1),几何方程(1.6)第五、六式得

$$\frac{\partial u}{\partial z} + \frac{\partial w}{\partial x} = 0,\ \frac{\partial w}{\partial y} + \frac{\partial v}{\partial z} = 0 \tag{a}$$

从而得

$$\frac{\partial u}{\partial z} = -\frac{\partial w}{\partial x},\ \frac{\partial v}{\partial z} = -\frac{\partial w}{\partial y} \tag{b}$$

此时,薄板小挠度弯曲问题中的几何方程和薄板平面应力问题中的几何方程是相同的,即

$$\varepsilon_x = \frac{\partial u}{\partial x}, \varepsilon_y = \frac{\partial v}{\partial y}, \gamma_{xy} = \frac{\partial v}{\partial x} + \frac{\partial u}{\partial y} \tag{7.3}$$

根据基本假定(2),有

$$(u)_{z=0} = 0 \qquad (v)_{z=0} = 0 \tag{c}$$

也就是说,中面是中性层。

将式(b)对 Z 积分,并注意 w 只是 x,y 的函数,即得

$$v = -\frac{\partial w}{\partial y}z + f_1(x,y) \qquad u = -\frac{\partial w}{\partial x}z + f_2(x,y)$$

将式(c)代入,得 $f_1(x,y)=0$, $f_2(x,y)=0$。于是纵向位移表示为

$$u = -\frac{\partial w}{\partial x}z \qquad v = -\frac{\partial w}{\partial y}z \tag{7.4}$$

于是,薄板位移函数可写作

$$\boldsymbol{f} = \begin{Bmatrix} u \\ v \\ w \end{Bmatrix} = \begin{Bmatrix} -z\dfrac{\partial w}{\partial x} \\ -z\dfrac{\partial w}{\partial y} \\ w \end{Bmatrix} \tag{7.5}$$

可见,在薄板的小挠度弯曲理论中,只有 w 为独立的位移函数。

需要说明的是,在上述计算假定中虽然采用了 $\varepsilon_z=0$, $\gamma_{zx}=0$, $\gamma_{yz}=0$,但在考虑平衡条件时,仍然必须计入 3 个次要的应力分量 τ_{xz}, τ_{yz}和 σ_z。事实上,在薄板的小挠度弯曲理论中,3 个次要的应力分量 τ_{xz}, τ_{yz}和 σ_z 可利用平衡方程由 3 个主要的应力分量 $\sigma_x,\sigma_y,\tau_{xy}$推导而得。

在薄板的小挠度弯曲理论中,放弃了关于 ε_z, γ_{zx}和 γ_{yz}的物理方程,即物理方程(1.14)中的第三、第五和第六式。根据基本假定(3),因为不计 σ_z 所引起的形变,所以薄板的物理方程为

$$\left.\begin{aligned} \varepsilon_x &= \frac{1}{E}(\sigma_x - \mu\sigma_y) \\ \varepsilon_y &= \frac{1}{E}(\sigma_y - \mu\sigma_x) \\ \gamma_{xy} &= \frac{2(1+\mu)}{E}\tau_{xy} \end{aligned}\right\} \tag{7.6}$$

可见,薄板小挠度弯曲问题中的物理方程和薄板平面应力问题中的物理方程也是相同的。

参照式(1.16),式(7.6)可写作

$$\boldsymbol{\sigma} = \boldsymbol{D\varepsilon} \tag{7.7}$$

式中

$$\boldsymbol{D} = \frac{E}{1-\mu^2}\begin{bmatrix} 1 & \mu & 0 \\ \mu & 1 & 0 \\ 0 & 0 & \dfrac{1-\mu}{2} \end{bmatrix} \tag{7.8}$$

$$
\boldsymbol{A}^{-1}=\frac{1}{8}\left[\begin{array}{ccc|ccc|ccc|ccc}
2 & b & -a & 2 & b & a & 2 & -b & a & 2 & -b & -a \\
-\frac{3}{a} & -\frac{b}{a} & 1 & \frac{3}{a} & \frac{b}{a} & 1 & \frac{3}{a} & -\frac{b}{a} & 1 & -\frac{3}{a} & \frac{b}{a} & 1 \\
-\frac{3}{b} & -1 & \frac{a}{b} & -\frac{3}{b} & -1 & -\frac{a}{b} & \frac{3}{b} & -1 & \frac{a}{b} & \frac{3}{b} & -1 & -\frac{a}{b} \\
0 & 0 & \frac{1}{a} & 0 & 0 & -\frac{1}{a} & 0 & 0 & -\frac{1}{a} & 0 & 0 & \frac{1}{a} \\
\frac{4}{ab} & \frac{1}{a} & -\frac{1}{b} & -\frac{4}{ab} & -\frac{1}{a} & -\frac{1}{b} & \frac{4}{ab} & -\frac{1}{a} & \frac{1}{b} & -\frac{4}{ab} & \frac{1}{a} & \frac{1}{b} \\
0 & -\frac{1}{b} & 0 & 0 & -\frac{1}{b} & 0 & 0 & \frac{1}{b} & 0 & 0 & \frac{1}{b} & 0 \\
\frac{1}{a^3} & 0 & -\frac{1}{a^2} & -\frac{1}{a^3} & 0 & -\frac{1}{a^2} & -\frac{1}{a^3} & 0 & -\frac{1}{a^2} & \frac{1}{a^3} & 0 & -\frac{1}{a^2} \\
0 & 0 & -\frac{1}{ab} & 0 & 0 & \frac{1}{ab} & 0 & 0 & -\frac{1}{ab} & 0 & 0 & \frac{1}{ab} \\
0 & \frac{1}{ab} & 0 & 0 & -\frac{1}{ab} & 0 & 0 & \frac{1}{ab} & 0 & 0 & -\frac{1}{ab} & 0 \\
\frac{1}{b^3} & \frac{1}{b^2} & 0 & \frac{1}{b^3} & \frac{1}{b^2} & 0 & -\frac{1}{b^3} & \frac{1}{b^2} & 0 & -\frac{1}{b^3} & \frac{1}{b^2} & 0 \\
-\frac{1}{a^3b} & 0 & \frac{1}{a^2b} & \frac{1}{a^3b} & 0 & \frac{1}{a^2b} & -\frac{1}{a^3b} & 0 & -\frac{1}{a^2b} & \frac{1}{a^3b} & 0 & -\frac{1}{a^2b} \\
-\frac{1}{ab^3} & -\frac{1}{ab^2} & 0 & \frac{1}{ab^3} & \frac{1}{ab^2} & 0 & -\frac{1}{ab^3} & \frac{1}{ab^2} & 0 & \frac{1}{ab^3} & -\frac{1}{ab^2} & 0
\end{array}\right] \tag{7.25}
$$

将式(7.24)代入式(7.21)可得

$$w=\boldsymbol{f}(x,y)\boldsymbol{A}^{-1}\boldsymbol{\delta}^e \tag{7.26}$$

式(7.26)为单元内部点的挠度 $w(x,y)$ 与结点位移 $\boldsymbol{\delta}^e$ 之间的转换关系。

▶ 7.2.5 由几何方程求弯扭变形 $\boldsymbol{\kappa}$

利用几何方程，可由挠度 w 求出薄板单元的弯扭变形：

$$
\boldsymbol{\kappa}=\begin{Bmatrix}
-\frac{\partial^2 w}{\partial x^2} \\
-\frac{\partial^2 w}{\partial y^2} \\
-2\frac{\partial^2 w}{\partial x \partial y}
\end{Bmatrix}
$$

由式(7.21)，可得

$$
\left.\begin{aligned}
\frac{\partial^2 w}{\partial x^2}&=2a_4+6a_7x+2a_8y+6a_{11}xy \\
\frac{\partial^2 w}{\partial y^2}&=2a_6+2a_9x+6a_{10}y+6a_{12}xy \\
\frac{\partial^2 w}{\partial x \partial y}&=a_5+2a_8x+2a_9y+3a_{11}x^2+3a_{12}y^2
\end{aligned}\right\}
$$

由此可得出弯扭变形 $\boldsymbol{\kappa}$ 如下：

$$\boldsymbol{\kappa}=\boldsymbol{B}_a\boldsymbol{a} \tag{7.27}$$

其中：

$$\boldsymbol{B}_a=\begin{bmatrix}0 & 0 & 0 & -2 & 0 & 0 & -6x & -2y & 0 & 0 & -6xy & 0\\ 0 & 0 & 0 & 0 & 0 & -2 & 0 & 0 & -2x & -6y & 0 & -6xy\\ 0 & 0 & 0 & 0 & -2 & 0 & 0 & -4x & -4y & 0 & -6x^2 & -6y^2\end{bmatrix}$$

将式(7.24)，则得

$$\boldsymbol{\kappa}=\boldsymbol{B}_a\boldsymbol{A}^{-1}\boldsymbol{\delta}^e$$

或

$$\boldsymbol{\kappa}=\boldsymbol{B}\boldsymbol{\delta}^e \tag{7.28}$$

式中

$$\boldsymbol{B}=\boldsymbol{B}_a\boldsymbol{A}^{-1} \tag{7.29}$$

式(7.28)为由结点位移 $\boldsymbol{\delta}^e$ 求弯扭变形 $\boldsymbol{\kappa}$ 的转换式。

矩阵 $\boldsymbol{B}$ 可写成分块形式：

$$\boldsymbol{B}=[\boldsymbol{B}_1\quad \boldsymbol{B}_2\quad \boldsymbol{B}_3\quad \boldsymbol{B}_4]$$

其中的子矩阵 $\boldsymbol{B}_i$ 等都是 3×3 阶矩阵。

▶ 7.2.6 由弹性方程求内力 M

将式(7.28)代入式(7.14)，则得

$$\boldsymbol{M}=\boldsymbol{D}_f\boldsymbol{B}\boldsymbol{\delta}^e \tag{7.30}$$

$$\boldsymbol{B}=[\boldsymbol{B}_1\quad \boldsymbol{B}_2\quad \boldsymbol{B}_3\quad \boldsymbol{B}_4]$$

式中

$$\boldsymbol{B}_1=\frac{1}{8}\begin{bmatrix}-\frac{6x}{a^3}\left(1-\frac{y}{b}\right) & 0 & -\frac{2}{a}\left(1-3\frac{x}{a}\right)\left(1-\frac{y}{b}\right)\\ -\frac{6y}{b^2}\left(1-\frac{x}{a}\right) & \frac{2}{b}\left(1-\frac{x}{a}\right)\left(1-3\frac{y}{b}\right) & 0\\ -\frac{2}{ab}\left(4-3\frac{x^2}{a^2}-3\frac{y^2}{b^2}\right) & -\frac{2}{a}\left(1+2\frac{y}{b}-3\frac{y^2}{b^2}\right) & \frac{2}{b}\left(1+2\frac{x}{a}-3\frac{x^2}{a^2}\right)\end{bmatrix}$$

$$\boldsymbol{B}_2=\frac{1}{8}\begin{bmatrix}\frac{6x}{a^3}\left(1-\frac{y}{b}\right) & 0 & \frac{2}{a}\left(1-3\frac{x}{a}\right)\left(1-\frac{y}{b}\right)\\ -\frac{6y}{b^3}\left(1-\frac{x}{a}\right) & \frac{2}{b}\left(1-\frac{x}{a}\right)\left(1-3\frac{y}{b}\right) & 0\\ \frac{2}{ab}\left(4-3\frac{x^2}{a^2}-3\frac{y^2}{b^2}\right) & \frac{2}{a}\left(1+2\frac{y}{b}-3\frac{y^2}{b^2}\right) & \frac{2}{b}\left(1+2\frac{x}{a}-3\frac{x^2}{a^2}\right)\end{bmatrix}$$

$$\boldsymbol{B}_3=\frac{1}{8}\begin{bmatrix}\frac{6x}{a^3}\left(1-\frac{y}{b}\right) & 0 & \frac{2}{a}\left(1-3\frac{x}{a}\right)\left(1-\frac{y}{b}\right)\\ -\frac{6y}{b^3}\left(1-\frac{x}{a}\right) & -\frac{2}{b}\left(1-\frac{x}{a}\right)\left(1-3\frac{y}{b}\right) & 0\\ -\frac{2}{ab}\left(4-3\frac{x^2}{a^2}-3\frac{y^2}{b^2}\right) & \frac{2}{a}\left(1+2\frac{y}{b}-3\frac{y^2}{b^2}\right) & -\frac{2}{b}\left(1+2\frac{x}{a}-3\frac{x^2}{a^2}\right)\end{bmatrix}$$

$$
\boldsymbol{B}_4=\frac{1}{8}\begin{bmatrix}
-\dfrac{6x}{a^3}\left(1-\dfrac{y}{b}\right) & 0 & -\dfrac{2}{a}\left(1-3\dfrac{x}{a}\right)\left(1-\dfrac{y}{b}\right)\\
\dfrac{6y}{b^3}\left(1-\dfrac{x}{a}\right) & -\dfrac{2}{b}\left(1-\dfrac{x}{a}\right)\left(1-3\dfrac{y}{b}\right) & 0\\
\dfrac{2}{ab}\left(4-3\dfrac{x^2}{a^2}-3\dfrac{y^2}{b^2}\right) & -\dfrac{2}{a}\left(1+2\dfrac{y}{b}-3\dfrac{y^2}{b^2}\right) & -\dfrac{2}{b}\left(1+2\dfrac{x}{a}-3\dfrac{x^2}{a^2}\right)
\end{bmatrix}
$$

或

$$
\boldsymbol{M}=\boldsymbol{S}\boldsymbol{\delta}^e \tag{7.31}
$$

其中

$$
\boldsymbol{S}=\boldsymbol{D}_f\boldsymbol{B}
$$

矩阵 $\boldsymbol{S}$ 可写成分块形式

$$
\boldsymbol{S}=[\boldsymbol{S}_1\quad \boldsymbol{S}_2\quad \boldsymbol{S}_3\quad \boldsymbol{S}_4]
$$

其中的子矩阵$\boldsymbol{S}_i$ 等都是 3×3 阶矩阵,其展开式为:

$$
\boldsymbol{S}_1=\frac{D_0}{8}\begin{bmatrix}
-\dfrac{6x}{a^3}-6\mu\dfrac{y}{b^3}\left(1-\dfrac{x}{a}\right) & \dfrac{2\mu}{b}\left(1-\dfrac{x}{a}\right)\left(1-3\dfrac{y}{b}\right) & -\dfrac{2}{a}\left(1-3\dfrac{x}{a}\right)\left(1-\dfrac{y}{b}\right)\\
-6\mu\dfrac{y}{a^3}\left(1-\dfrac{y}{b}\right)-6\dfrac{y}{b^3}\left(1-\dfrac{x}{a}\right) & \dfrac{2}{b}\left(1-\dfrac{x}{a}\right)\left(1-3\dfrac{y}{b}\right) & -\dfrac{2\mu}{a}\left(1-3\dfrac{x}{a}\right)\left(1-\dfrac{y}{b}\right)\\
-\dfrac{1-\mu}{ab}\left(4-3\dfrac{x^3}{a^3}-3\dfrac{y^2}{b^2}\right) & -\dfrac{1-\mu}{a}\left(1+2\dfrac{y}{b}-3\dfrac{y^2}{b^2}\right) & \dfrac{1-\mu}{b}\left(1+2\dfrac{y}{a}-3\dfrac{y^2}{a^2}\right)
\end{bmatrix}
$$

$$
\boldsymbol{S}_2=\frac{D_0}{8}\begin{bmatrix}
\dfrac{6x}{a^3}\left(1-\dfrac{y}{b}\right)-6\mu\dfrac{y}{b^3}\left(1+\dfrac{x}{a}\right) & \dfrac{2\mu}{b}\left(1+\dfrac{x}{a}\right)\left(1-3\dfrac{y}{b}\right) & \dfrac{2}{a}\left(1+3\dfrac{x}{a}\right)\left(1-\dfrac{y}{b}\right)\\
6\mu\dfrac{x}{a^3}\left(1-\dfrac{y}{b}\right)-6\dfrac{y}{b^3}\left(1+\dfrac{x}{a}\right) & \dfrac{2}{b}\left(1+\dfrac{x}{a}\right)\left(1-3\dfrac{y}{b}\right) & \dfrac{2\mu}{a}\left(1+3\dfrac{x}{a}\right)\left(1-\dfrac{y}{b}\right)\\
\dfrac{1-\mu}{ab}\left(4-3\dfrac{x^3}{a^3}-3\dfrac{y^2}{b^2}\right) & \dfrac{1-\mu}{a}\left(1+2\dfrac{y}{b}-3\dfrac{y^2}{b^2}\right) & \dfrac{1-\mu}{b}\left(1-2\dfrac{y}{a}-3\dfrac{y^2}{a^2}\right)
\end{bmatrix}
$$

$$
\boldsymbol{S}_3=\frac{D_0}{8}\begin{bmatrix}
\dfrac{6x}{a^3}\left(1+\dfrac{y}{b}\right)-6\mu\dfrac{y}{b^3}\left(1+\dfrac{x}{a}\right) & -\dfrac{2\mu}{b}\left(1+\dfrac{x}{a}\right)\left(1+3\dfrac{y}{b}\right) & \dfrac{2}{a}\left(1+3\dfrac{x}{a}\right)\left(1+\dfrac{y}{b}\right)\\
6\mu\dfrac{y}{a^3}\left(1+\dfrac{y}{b}\right)+6\dfrac{y}{b^3}\left(1+\dfrac{x}{a}\right) & -\dfrac{2}{b}\left(1+\dfrac{x}{a}\right)\left(1+3\dfrac{y}{b}\right) & \dfrac{2\mu}{a}\left(1+3\dfrac{x}{a}\right)\left(1+\dfrac{y}{b}\right)\\
-\dfrac{1-\mu}{ab}\left(4-3\dfrac{x^3}{a^3}-3\dfrac{y^2}{b^2}\right) & \dfrac{1-\mu}{a}\left(1-2\dfrac{y}{b}-3\dfrac{y^2}{b^2}\right) & -\dfrac{1-\mu}{b}\left(1-2\dfrac{y}{a}-3\dfrac{y^2}{a^2}\right)
\end{bmatrix}
$$

$$
\boldsymbol{S}_4=\frac{D_0}{8}\begin{bmatrix}
-\dfrac{6x}{a^3}\left(1+\dfrac{y}{b}\right)+6\mu\dfrac{y}{b^3}\left(1-\dfrac{x}{a}\right) & -\dfrac{2\mu}{b}\left(1-\dfrac{x}{a}\right)\left(1+3\dfrac{y}{b}\right) & -\dfrac{2}{a}\left(1-3\dfrac{x}{a}\right)\left(1+\dfrac{y}{b}\right)\\
-6\mu\dfrac{y}{a^3}\left(1+\dfrac{y}{b}\right)+6\dfrac{y}{b^3}\left(1-\dfrac{x}{a}\right) & -\dfrac{2}{b}\left(1-\dfrac{x}{a}\right)\left(1+3\dfrac{y}{b}\right) & \dfrac{2\mu}{a}\left(1-3\dfrac{x}{a}\right)\left(1+\dfrac{y}{b}\right)\\
\dfrac{1-\mu}{ab}\left(4-3\dfrac{x^3}{a^3}-3\dfrac{y^2}{b^2}\right) & -\dfrac{1-\mu}{a}\left(1-2\dfrac{y}{b}-3\dfrac{y^2}{b^2}\right) & -\dfrac{1-\mu}{b}\left(1+2\dfrac{y}{a}-3\dfrac{y^2}{a^2}\right)
\end{bmatrix}
$$

▶ 7.2.7 单元刚度矩阵

采用虚功方程来建立薄板单元基本方程。

设结点虚位移为$(\boldsymbol{\delta}^e)^*$,内部任一点相应的虚位移 $w^*(x,y)$ 和虚变形可参照式(7.26),式(7.28)得

$$w^*(x,y)=\boldsymbol{f}(x,y)\boldsymbol{A}^{-1}(\boldsymbol{\delta}^e)^* \tag{i}$$

$$(\boldsymbol{\kappa}^*)^{\mathrm{T}}=((\boldsymbol{\delta}^e)^*)^{\mathrm{T}}\boldsymbol{B}^{\mathrm{T}} \tag{j}$$

虚功方程表述为:在能量守恒的前提下,弹性体所受外力在相应虚位移上所做的功(称为虚功)等于弹性体内力在相应虚位移所做的虚功。

则

$$((\boldsymbol{\delta}^e)^*)^{\mathrm{T}}\boldsymbol{F}_L^e=\int_{-a}^{a}\int_{-b}^{b}(\boldsymbol{\kappa}^*)^{\mathrm{T}}\boldsymbol{M}\mathrm{d}x\mathrm{d}y \tag{k}$$

将式(j)代入式(k)得

$$((\boldsymbol{\delta}^e)^*)^{\mathrm{T}}\boldsymbol{F}_L^e=((\boldsymbol{\delta}^e)^*)^{\mathrm{T}}\int_{-a}^{a}\int_{-b}^{b}\boldsymbol{B}^{\mathrm{T}}\boldsymbol{M}\mathrm{d}x\mathrm{d}y$$

由于虚位移$(\boldsymbol{\delta}^e)^*$是任意的,故得

$$\boldsymbol{F}_L^e=\int_{-a}^{a}\int_{-b}^{b}\boldsymbol{B}^{\mathrm{T}}\boldsymbol{M}\mathrm{d}x\mathrm{d}y$$

将式(7.29)代入则得

$$\boldsymbol{F}_L^e=\int_{-a}^{a}\int_{-b}^{b}\boldsymbol{B}^{\mathrm{T}}\boldsymbol{D}_f\boldsymbol{B}\mathrm{d}x\mathrm{d}y\,\boldsymbol{\delta}^e$$

令

$$\boldsymbol{k}=\int_{-a}^{a}\int_{-b}^{b}\boldsymbol{B}^{\mathrm{T}}\boldsymbol{D}_f\boldsymbol{B}\mathrm{d}x\mathrm{d}y \tag{7.32}$$

则

$$\boldsymbol{F}^e=\boldsymbol{k}\boldsymbol{\delta}^e \tag{7.33}$$

式(7.33)即为薄板单元基本方程,$\boldsymbol{k}$ 为薄板矩形单元的刚度矩阵。

▶ 7.2.8 等效结点荷载

设薄板矩形单元上作用法向分布荷载,荷载集度为 $q(x,y)$。现在将非结点荷载转化为作用于单元结点的等效结点荷载$\boldsymbol{F}_L^e$。

转化的方法根据虚功原理。设结点虚位移为$(\boldsymbol{\delta}^e)^*$,内部任一点相应的虚挠度 $w^*(x,y)$ 可按式(l)求得

$$w^*(x,y)=\boldsymbol{f}(x,y)\boldsymbol{A}^{-1}(\boldsymbol{\delta}^e)^* \tag{l}$$

令 $q(x,y)$ 在虚挠度 $w^*(x,y)$ 上做的功等于$\boldsymbol{F}_L^e$ 在结点虚位移$(\boldsymbol{\delta}^e)^*$上做的功,即

$$((\boldsymbol{\delta}^e)^*)^{\mathrm{T}}\boldsymbol{F}_L^e=\int_{-a}^{a}\int_{-b}^{b}w^*(x,y)q(x,y)\mathrm{d}x\mathrm{d}y \tag{m}$$

将式(l)两边转置,并注意到 w^* 是纯量,$(w^*)^{\mathrm{T}}=w^*$,故得

$$w^*(x,y)=((\boldsymbol{\delta}^e)^*)^{\mathrm{T}}(\boldsymbol{A}^{-1})^{\mathrm{T}}\boldsymbol{f}(x,y) \tag{n}$$

将式(n)代入式(m)的右边即得

$$((\boldsymbol{\delta}^e)^*)^{\mathrm{T}}\boldsymbol{F}_L^e=((\boldsymbol{\delta}^e)^*)^{\mathrm{T}}(\boldsymbol{A}^{-1})^{\mathrm{T}}\left[\int_{-a}^{a}\int_{-b}^{b}\boldsymbol{f}(x,y)q(x,y)\mathrm{d}x\mathrm{d}y\right]$$

由于虚位移$(\boldsymbol{\delta}^e)^*$是任意的,故得

$$ef = \left(1 - \frac{z}{r_y}\right)\mathrm{d}y$$

于是，ef 窄条的面积为

$$\mathrm{d}A = \left(1 - \frac{z}{r_y}\right)\mathrm{d}y\mathrm{d}z$$

作用在窄条上的应力如图 8.2(b) 所示。所有如 ef 这样窄条上的应力就组成了 ac 截面的内力和内力矩，和在平板时的情形相似。去掉因子 $\mathrm{d}y$，得到的是单位长度上的内力和内力矩，它们分别是

x 方向的拉力

$$F_{Nx} = \int_{-\frac{h}{2}}^{\frac{h}{2}} \sigma_x \left(1 - \frac{z}{r_y}\right)\mathrm{d}z \tag{8.1a}$$

顺剪力（中面内的剪力）

$$F_{xy} = \int_{-\frac{h}{2}}^{\frac{h}{2}} \tau_{xy} \left(1 - \frac{z}{r_y}\right)\mathrm{d}z \tag{8.1b}$$

横剪力（与中面垂直）

$$F_x = \int_{-\frac{h}{2}}^{\frac{h}{2}} \tau_{yx} \left(1 - \frac{z}{r_y}\right)\mathrm{d}z \tag{8.1c}$$

弯矩

$$M_x = \int_{-\frac{h}{2}}^{\frac{h}{2}} \sigma_x \left(1 - \frac{z}{r_y}\right)z\mathrm{d}z \tag{8.1d}$$

扭矩

$$M_{xy} = \int_{-\frac{h}{2}}^{\frac{h}{2}} \tau_{xz} \left(1 - \frac{z}{r_y}\right)z\mathrm{d}z \tag{8.1e}$$

再考虑 bc 截面，可类似得到如下的内力：

x 方向的拉力

$$F_{Ny} = \int_{-\frac{h}{2}}^{\frac{h}{2}} \sigma_y \left(1 - \frac{z}{r_x}\right)\mathrm{d}z \tag{8.1f}$$

顺剪力（中面内的剪力）

$$F_{yx} = \int_{-\frac{h}{2}}^{\frac{h}{2}} \tau_{yx} \left(1 - \frac{z}{r_x}\right)\mathrm{d}z \tag{8.1g}$$

横剪力（与中面垂直）

$$F_y = \int_{-\frac{h}{2}}^{\frac{h}{2}} \tau_{yz} \left(1 - \frac{z}{r_x}\right)\mathrm{d}z \tag{8.1h}$$

弯矩

$$M_y = \int_{-\frac{h}{2}}^{\frac{h}{2}} \sigma_y \left(1 - \frac{z}{r_x}\right)z\mathrm{d}z \tag{8.1i}$$

扭矩

$$M_{yx} = \int_{-\frac{h}{2}}^{\frac{h}{2}} \tau_{yx}\left(1 - \frac{z}{r_x}\right) z\mathrm{d}z \tag{8.1j}$$

这些内力表达式的确立,已经规定了所有内力和内力矩的正向,如图 8.3 所示。为便于记忆,可做如下的理解:

①F_{Nx},F_{Ny}以拉为正、压为负;

②F_{xy},F_{yx}以与 x,y 轴正方向的夹角减小为正,反之为负;当 F_x,F_y 作用在法向与 x,y 轴正方向相一致的截面上时,与 z 轴的正方向一致为正;M_x,M_y 以使 $z=\frac{h}{2}$的曲面产生拉应力时为正;M_{xy}使 O 点及其对角 c 点翘向 z 轴的负方向为正。

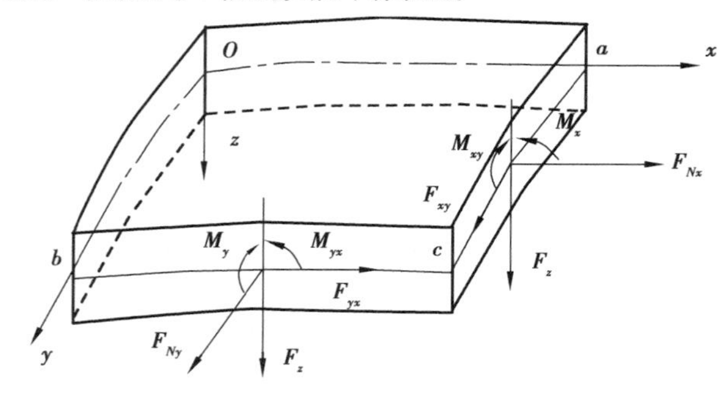

图 8.3　薄壳内力

在式(8.1a)—式(8.1j)中,带有因子$\left(1-\frac{z}{r_x}\right)$和$\left(1-\frac{z}{r_y}\right)$是因为中面存在曲率所致。

因此,由剪应力的互等定律 $\tau_{xy}=\tau_{yx}$不能推得 $F_{xy}=F_{yx}$,$M_{xy}=M_{yx}$。但是,在薄壳范围内,$\frac{z}{r_x}$和$\frac{z}{r_y}$都比 1 小得多,因此,通常在式(8.1a)—式(8.1j)中,可以略去因子$\left(1-\frac{z}{r_x}\right)$和$\left(1-\frac{z}{r_y}\right)$,由此得到

$$F_{xy}=F_{yx} \qquad M_{xy}=M_{yx}$$

这就是说,上式的成立并不是剪力互等定律的直接推论,而是在计算内力值时近似地将截面形状看作矩形的缘故。

综上所述,壳体在每一点处有 8 个内力分量。在壳体的计算中,常先求内力,再按梁理论计算内力,即

$$\left.\begin{aligned}
\sigma_x &= \frac{F_x}{h} + \frac{M_x z}{I} \\
\sigma_y &= \frac{F_y}{h} + \frac{M_y z}{I} \\
\tau_{xy} &= \frac{F_{xy}}{h} + \frac{M_{xy} z}{I} \\
\tau_{xz} &= \frac{F_z S}{I} \\
\tau_{yz} &= \frac{F_y S}{I}
\end{aligned}\right\} \tag{8.2}$$

式中，$I=\dfrac{h^3}{12}, S=\dfrac{1}{2}\left(\dfrac{h^2}{4}-z^2\right)$，内力 F_{Nx}, F_{Ny}, F_{xy} 引起的应力沿厚度均匀分布。弯矩 M_x, M_y, M_{xy} 引起的应力沿厚度线性分布，在中面为零，在两表面达到最大正、负值。横剪力 F_x, F_y 引起的剪应力沿厚度为抛物线分布，在中面为最大，在两表面为零。

内力 F_{Nx}, F_{Ny}, F_{xy} 常称为薄膜内力，它们的方向平行于中面，这是中面的拉伸、压缩、剪切而产生的。

弯矩 M_x, M_y，横剪力 F_x, F_y 和扭矩 M_{xy} 常称为弯曲内力，它们是中面的弯扭变形而产生的。

8.2　平板壳单元

8.2.1　局部坐标系中的单元刚度矩阵

弹性薄壳的应力状态可以认为是平面应力状态和弯曲应力状态的组合。因此，薄壳单元的刚度矩阵也可以由这两种应力状态的刚度矩阵加以组合而得到。参阅图 8.4，把局部坐标系的 x 轴和 y 轴取在单元所在平面内。

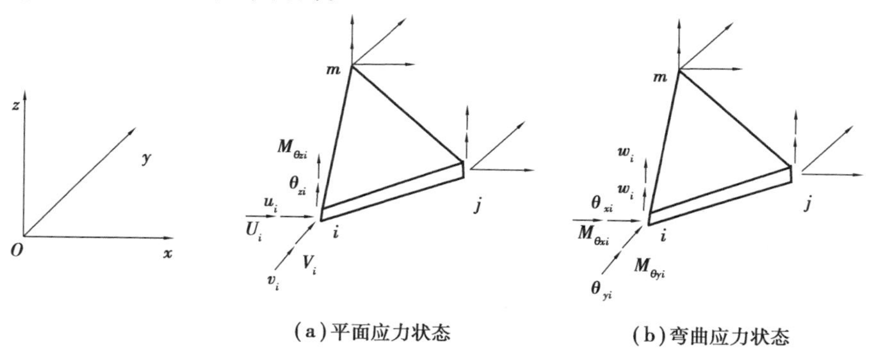

图 8.4　薄壳单元的结点力和结点位移

对于平面应力状态，由第 2 章可知，单元的应变状态完全取决于各结点的位移 u 和 v，以三角形单元为例，单元的等效结点荷载与结点位移的关系如下：

$$\begin{Bmatrix} \boldsymbol{F}_i^p \\ \boldsymbol{F}_j^p \\ \boldsymbol{F}_m^p \end{Bmatrix} = \boldsymbol{k}^p \begin{Bmatrix} \boldsymbol{\delta}_i^p \\ \boldsymbol{\delta}_j^p \\ \boldsymbol{\delta}_m^p \end{Bmatrix} \tag{8.3}$$

式中

$$\boldsymbol{\delta}_i^p = \begin{Bmatrix} u_i \\ v_i \end{Bmatrix} \quad (i,j,m)$$

$$\boldsymbol{F}_i^p = \begin{Bmatrix} \boldsymbol{F}_{ix}^p \\ \boldsymbol{F}_{iy}^p \end{Bmatrix} \quad (i,j,m)$$

结点转角 $\theta_{zi}, \theta_{zj}, \theta_{zm}$ 不影响结点力，可以不考虑，相应的结点力 $M_{\theta zi}, M_{\theta zj}, M_{\theta zm}$ 也不存在。

对于弯曲应力状态,单元应变状态取决于结点在 z 方向的线位移 w,绕 x 轴转角 θ_x 及绕 y 轴转角 θ_y,结点力和结点位移的关系如下:

$$\begin{Bmatrix} \boldsymbol{F}_i^b \\ \boldsymbol{F}_j^b \\ \boldsymbol{F}_m^b \end{Bmatrix} = \boldsymbol{k}^b \begin{Bmatrix} \boldsymbol{\delta}_i^b \\ \boldsymbol{\delta}_j^b \\ \boldsymbol{\delta}_m^b \end{Bmatrix} \tag{8.4}$$

式中

$$\boldsymbol{\delta}_i^b = \begin{Bmatrix} w_i \\ \theta_{xi} \\ \theta_{yi} \end{Bmatrix} \quad (i,j,m)$$

$$\boldsymbol{F}_i^b = \begin{Bmatrix} W_i \\ M_{\theta xi} \\ M_{\theta yi} \end{Bmatrix} \quad (i,j,m)$$

把平面应力与弯曲应力加以组合后,单元的结点位移和结点力如下:

$$\boldsymbol{\delta}_i^e = \begin{Bmatrix} u_i \\ v_i \\ w_i \\ \theta_{xi} \\ \theta_{yi} \\ \theta_{zi} \end{Bmatrix} \quad \boldsymbol{F}_{Li}^e = \begin{Bmatrix} U_i \\ V_i \\ W_i \\ M_{\theta_{xi}} \\ M_{\theta yi} \\ M_{\theta_{zi}} \end{Bmatrix} \tag{8.5}$$

虽然转角 θ_{zi} 不影响单元的应力状态,为了便于以后将局部坐标系的刚度矩阵转化为整体坐标系的刚度矩阵并集合成整体刚度矩阵,我们特地将 θ_{zi} 也包括在结点位移中,并在结点力中相应地包括一个虚拟弯矩 $M_{\theta zi}$。

单元的结点力与结点位移的关系可写成

$$\begin{Bmatrix} \boldsymbol{F}_i^e \\ \boldsymbol{F}_j^e \\ \boldsymbol{F}_m^e \end{Bmatrix} = \boldsymbol{k} \begin{Bmatrix} \boldsymbol{\delta}_i^e \\ \boldsymbol{\delta}_j^e \\ \boldsymbol{\delta}_m^e \end{Bmatrix} \tag{8.6}$$

可表示为

$$\boldsymbol{F}^e = \boldsymbol{k}\boldsymbol{\delta}^e \tag{8.7}$$

式中 $\boldsymbol{k}$——在组合应力状态下的单元刚度矩阵。

由于平面应力状态下的结点力 $\boldsymbol{F}_{Li}^p$ 与弯曲应力状态下的结点位移 $\boldsymbol{\delta}_i^b$ 互不影响;弯曲应力状态下的结点力 $\boldsymbol{F}_{Li}^b$ 与平面应力状态下的结点位移 $\boldsymbol{\delta}_i^p$ 也互不影响;所以组合应力状态下的单元刚度矩阵 $\boldsymbol{k}$ 的子矩阵可以写成如下形式:

$$\boldsymbol{k}_{rs} = \left[\begin{array}{cc:ccc:c} \multicolumn{2}{c:}{\boldsymbol{k}_{rs}^p} & 0 & 0 & 0 & 0 \\ & & 0 & 0 & 0 & 0 \\ \hdashline 0 & 0 & & & & 0 \\ 0 & 0 & & \boldsymbol{k}_{rs}^b & & 0 \\ 0 & 0 & & & & 0 \\ \hdashline 0 & 0 & 0 & 0 & 0 & 0 \end{array}\right] \tag{8.8}$$

故 z 轴的方向余弦为

$$v_x=\begin{Bmatrix}\cos(z,x')\\ \cos(z,y')\\ \cos(z,z')\end{Bmatrix}=\frac{1}{2A}\begin{Bmatrix}y'_{ji}z'_{mi}-z'_{ji}y'_{mi}\\ z'_{ji}x'_{mi}-x'_{ji}z'_{mi}\\ x'_{ji}y'_{mi}-y'_{ji}x'_{mi}\end{Bmatrix} \tag{8.22}$$

同理可求得 y 轴的方向余弦，由于 y 轴垂直于 xz 平面，因此单位矢量 v_z 和 v_x 的矢积等于 y 轴方向的单位矢量，即

$$v_y=\begin{Bmatrix}\cos(y,x')\\ \cos(y,y')\\ \cos(y,z')\end{Bmatrix}=v_z\times v_x$$

$$=\begin{Bmatrix}\cos(z,y')\cos(x,z')-\cos(x,y')\cos(z,z')\\ \cos(z,z')\cos(x,x')-\cos(x,z')\cos(z,x')\\ \cos(z,x')\cos(x,y')-\cos(x,x')\cos(z,y')\end{Bmatrix} \tag{8.23}$$

由于 v_y 的长度等于1，所以不必再除以它的长度了。至此，局部坐标的方向余弦矩阵 $\boldsymbol{\lambda}$ 的全部元素都求出来了。

在上面的计算中，我们规定局部坐标的 x 轴沿着单元的 ij 边，当然这并非唯一的办法。也可采用其他办法来规定局部坐标系。例如，在水坝、冷却塔、油库等壳体计算中，为了便于整理成果，最好把整体坐标系的 $x'y'$ 面放在水平面内，并使局部坐标系的 x 轴平行于 $x'y'$ 面。局部坐标的 z 轴仍垂直于三角形平面，故首先可用式(8.22)计算 z 轴的方向余弦。其次，由于局部坐标的 x 轴垂直于 z' 轴，所以 x 轴的方向余弦是

$$v_x=\begin{Bmatrix}\cos(x,x')\\ \cos(x,y')\\ 0\end{Bmatrix} \tag{8.24}$$

由于各个方向余弦的平方之和等于1，故

$$\cos^2(x,x')+\cos^2(x,y')=1 \tag{8.25}$$

另外，v_x 与 v_z 的标乘积应等于零，即

$$\cos(x,x')\cos(z,x')+\cos(x,y')\cos(z,y')=0 \tag{8.26}$$

由以上两个方程求解，可以解出 $\cos(x,x')$ 和 $\cos(x,y')$，从而可得到 v_x。求得 v_x 和 v_z 后，再由式(8.23)可求出 v_y。

对于矩形单元，其应用范围只限于柱面或箱形薄壳，而且壳的边界必须平行或垂直于柱面的母线方向，因此，可以将整体坐标系的 x' 轴放在柱面的母线方向，并使各个单元局部坐标系的 x 轴平行于 x' 轴，如图8.8所示。

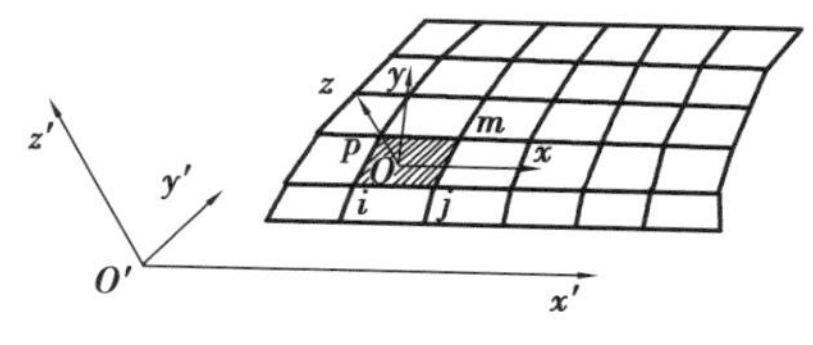

图8.8　矩形单元的局部坐标

显然，x 轴的方向余弦是

$$\cos(x,x')=1 \quad \cos(x,y')=0 \quad \cos(x,z')=0 \tag{8.27}$$

由于 y 轴平行于 pi 边，由结点 p 和 i 在整体坐标系中的坐标，可计算 y 轴的方向余弦如下：

$$\left.\begin{aligned}\cos(y,x')&=0\\ \cos(y,y')&=\frac{y_p'-y_i'}{l_{pi}}\\ \cos(y,z')&=\frac{z_p'-z_i'}{l_{pi}}\end{aligned}\right\} \tag{8.28}$$

其中 l_{pi} 是 pi 边的长度，即

$$l_{pi}=[(z_p'-z_i')^2+(y_p'-y_i')^2]^{\frac{1}{2}}$$

同样，可求得 z 轴的方向余弦如下：

$$\left.\begin{aligned}\cos(z,x')&=0\\ \cos(z,y')&=\frac{z_p'-z_i'}{l_{pi}}\\ \cos(z,z')&=\frac{y_p'-y_i'}{l_{pi}}\end{aligned}\right\} \tag{8.29}$$

8.3 曲面薄壳单元

在上面几节，用折板结构代替实际壳体，只要计算网格比较密集，计算精度是可以满足工程要求的。但如果直接采用曲面单元，因其能够反映壳体的真实几何形状，可以得到更好的计算结果。

如图 8.9 所示，在壳体中面上布置 s 个结点，中面上任一点的坐标可表示如下：

$$x=\sum_{i=1}^{s}N_i x_i,\ y=\sum_{i=1}^{s}N_i y_i,\ z=\sum_{i=1}^{s}N_i z_i \tag{8.30}$$

式中　N_i——二维形函数。

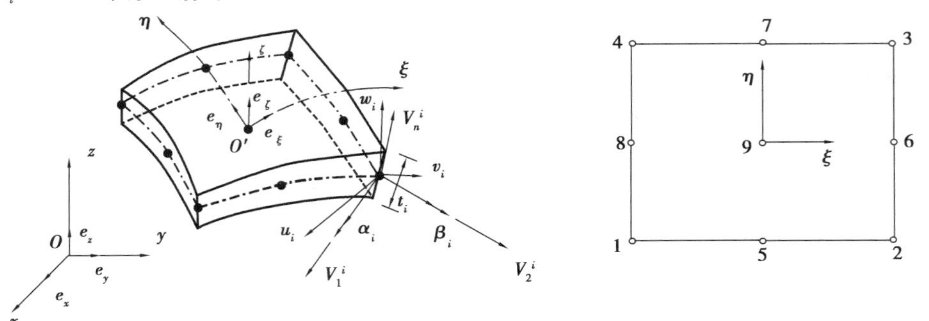

图 8.9　9 结点曲面壳单元

$$N_i=\frac{1}{4}(1+\xi_0)(1+\eta_0)(\xi_0+\eta_0-1)+\frac{1}{4}(1-\xi^2)(1-\eta^2) \qquad (i=1,2,3,4)$$

$$N_i=\frac{1}{2}(1-\xi^2)(1+\eta_0)-\frac{1}{2}(1-\xi^2)(1-\eta^2)\qquad(i=5,7)$$

$$N_i=\frac{1}{2}(1-\eta^2)(1+\xi_0)-\frac{1}{2}(1-\xi^2)(1-\eta^2)\qquad(i=6,8)$$

$$N_9=(1-\xi^2)(1-\eta^2)$$

变形前,单元内任一点的坐标为

$$\left.\begin{aligned}x^0(\xi,\eta,\zeta)&=\sum_{i=1}^{s}N_i(\xi,\eta)x_i^0+\frac{\zeta}{2}\sum_{i=1}^{s}N_i(\xi,\eta)t_i\vec{V}_{nx}^{i0}\\y^0(\xi,\eta,\zeta)&=\sum_{i=1}^{s}N_i(\xi,\eta)y_i^0+\frac{\zeta}{2}\sum_{i=1}^{s}N_i(\xi,\eta)t_i\vec{V}_{ny}^{i0}\\z^0(\xi,\eta,\zeta)&=\sum_{i=1}^{s}N_i(\xi,\eta)z_i^0+\frac{\zeta}{2}\sum_{i=1}^{s}N_i(\xi,\eta)t_i\vec{V}_{nz}^{i0}\end{aligned}\right\}\tag{8.31}$$

式中 $x^0(\xi,\eta,\zeta),y^0(\xi,\eta,\zeta),z^0(\xi,\eta,\zeta)$——变形前任一点的坐标;

x_i^0,y_i^0,z_i^0——变形前的结点坐标;

$\vec{V}_{nx}^{i0},\vec{V}_{ny}^{i0},\vec{V}_{nz}^{i0}$——分别为单位矢量 $\vec{V}_n^{i0}$ 在 x,y,z 方向的分量;

$\vec{V}_n^{i0}$——变形前结点 i 在壳体中面法线方向的单位矢量;

t_i——i 点的厚度。

假定变形前的中面法线在变形后仍为一直线(但不一定继续垂直于中面),沿此直线的单位矢量为 $\vec{V}_n^{i1}$,则变形后任一点的坐标为

$$\left.\begin{aligned}x(\xi,\eta,\zeta)&=\sum_{i=1}^{s}N_ix_i+\frac{\zeta}{2}\sum_{i=1}^{s}N_it_iV_{nx}^{i1}\\y(\xi,\eta,\zeta)&=\sum_{i=1}^{s}N_iy_i+\frac{\zeta}{2}\sum_{i=1}^{s}N_it_iV_{ny}^{i1}\\z(\xi,\eta,\zeta)&=\sum_{i=1}^{s}N_iz_i+\frac{\zeta}{2}\sum_{i=1}^{s}N_it_iV_{nz}^{i1}\end{aligned}\right\}\tag{8.32}$$

由式(8.32)减去式(8.31),得到单元内任一点的位移分量如下:

$$\left.\begin{aligned}u(\xi,\eta,\zeta)&=\sum_{i=1}^{s}N_iu_i+\frac{\zeta}{2}\sum_{i=1}^{s}N_it_iV_{nx}^{i}\\v(\xi,\eta,\zeta)&=\sum_{i=1}^{s}N_iv_i+\frac{\zeta}{2}\sum_{i=1}^{s}N_it_iV_{ny}^{i}\\w(\xi,\eta,\zeta)&=\sum_{i=1}^{s}N_iw_i+\frac{\zeta}{2}\sum_{i=1}^{s}N_it_iV_{nz}^{i}\end{aligned}\right\}\tag{8.33}$$

$$V_n^i=V_n^{i1}-V_n^{i0}\tag{8.34}$$

$V_{nx}^i,V_{ny}^i,V_{nz}^i$ 为 V_n^i 的 3 个分量,实际上是中面法线方向余弦的增量。它们可用结点 i 的转动表示,但没有唯一的表示方法。一个比较有效的方法是定义正交于 V_n^{i0} 的两个矢量 V_1^{i0} 和 V_2^{i0}。首先,让 V_1^{i0} 为同时正交于 y 轴和 V_n^{i0} 的单位矢量,即

$$V_1^{i0}=\frac{e_y V_n^{i0}}{|e_y V_n^{i0}|} \tag{8.35}$$

式中　e_y——y 轴方向的单位矢量(如果遇到 V_n^{i0} 平行于 y 轴的特殊情况,可令 $V_1^{i0}=e_z$)。

再令 V_2^{i0} 正交于 V_n^{i0} 和 V_1^{i0},则

$$V_2^{i0}=V_n^{i0}V_1^{i0} \tag{8.36}$$

设 α_i和 β_i 分别是中面法线 V_n^{i0} 绕矢量 V_1^{i0} 和 V_2^{i0} 的转角,由于 α_i 和 β_i 都是小量,故有

$$V_n^i=-V_2^{i0}\alpha_i+V_1^{i0}\beta_i \tag{8.37}$$

当 $V_1^{i0}=e_x$, $V_2^{i0}=e_y$, $V_n^{i0}=e_z$ 时,上述关系是容易证明的。由于这些矢量是张量,上述关系在一般条件下也应成立。将式(8.37)代入式(8.33),得到

$$\left.\begin{aligned}
u(\xi,\eta,\zeta)&=\sum_{i=1}^{s}N_iu_i+\frac{\zeta}{2}\sum_{i=1}^{s}N_it_i(-V_{2x}^{i0}\alpha_i+V_{1x}^{i0}\beta_i)\\
v(\xi,\eta,\zeta)&=\sum_{i=1}^{s}N_iv_i+\frac{\zeta}{2}\sum_{i=1}^{s}N_it_i(-V_{2y}^{i0}\alpha_i+V_{1y}^{i0}\beta_i)\\
w(\xi,\eta,\zeta)&=\sum_{i=1}^{s}N_iw_i+\frac{\zeta}{2}\sum_{i=1}^{s}N_it_iV_{nz}^{i}(-V_{2z}^{i0}\alpha_i+V_{1z}^{i0}\beta_i)
\end{aligned}\right\} \tag{8.38}$$

由 $u(\xi,\eta,\zeta)$ 对 ξ,η,ζ 求偏导数,得到

$$\begin{Bmatrix}\dfrac{\partial u}{\partial \xi}\\ \dfrac{\partial u}{\partial \eta}\\ \dfrac{\partial u}{\partial \zeta}\end{Bmatrix}=\sum_{i=1}^{s}\begin{bmatrix}\dfrac{\partial N_i}{\partial \xi}[1 \quad \zeta g_{1x}^i \quad \zeta g_{2x}^i]\\ \dfrac{\partial N_i}{\partial \eta}[1 \quad \zeta g_{1x}^i \quad \zeta g_{2x}^i]\\ N_i[0 \quad g_{1x}^i \quad g_{2x}^i]\end{bmatrix}\begin{Bmatrix}u_i\\ \alpha_i\\ \beta_i\end{Bmatrix}\quad (u,v,w;x,y,z) \tag{8.39}$$

$$g_1^i=-\frac{1}{2}t_iV_2^{i0},\quad g_2^i=-\frac{1}{2}t_iV_1^{i0} \tag{8.40}$$

其中$(u,v,w;x,y,z)$ 表示将 u 依次换成 v,w,并把 x 依次换成 y,z,就可得到 v,w 的偏导数$\partial v/\partial\xi$,$\partial v/\partial\eta$,$\partial v/\partial\zeta$ 和$\partial w/\partial\xi$,$\partial w/\partial\eta$,$\partial w/\partial\zeta$。

为了得到位移对 x,y,z 的偏导数,可利用如下关系:

$$\begin{Bmatrix}\dfrac{\partial}{\partial x}\\ \dfrac{\partial}{\partial y}\\ \dfrac{\partial}{\partial z}\end{Bmatrix}=\boldsymbol{J}^{-1}\begin{Bmatrix}\dfrac{\partial}{\partial \xi}\\ \dfrac{\partial}{\partial \eta}\\ \dfrac{\partial}{\partial \zeta}\end{Bmatrix} \tag{8.41}$$

式中　$\boldsymbol{J}$——雅可比矩阵。

将式(8.39)代入式(8.41),得到

式(9.13)是结点位移的二阶微分方程,称为结构的动力方程,而这里的荷载列阵 $\boldsymbol{F}_L$ 一般也是时间的函数。对于不同的结构,可以选用不同的单元,有不同的形函数矩阵 $\boldsymbol{N}$,但结构动力方程的建立过程都是相同的。

9.2 质量矩阵和阻尼矩阵

► 9.2.1 一致质量矩阵

式(9.9)所表达的单元质量矩阵称为协调质量矩阵或一致质量矩阵,这是因为推导单元一致质量矩阵时采用了与推导刚度矩阵时相同的位移插值函数。

下面以3结点三角形平面单元为例,推导单元质量矩阵。单元形函数矩阵可用面积坐标表示为

$$\boldsymbol{N}=[\boldsymbol{I}L_1 \quad \boldsymbol{I}L_2 \quad \boldsymbol{I}L_3]=[\boldsymbol{L}_1 \quad \boldsymbol{L}_2 \quad \boldsymbol{L}_3] \tag{9.18}$$

其中 $\boldsymbol{I}$ 是二阶单位矩阵,于是可得到一致质量矩阵为

$$\begin{aligned}\boldsymbol{m} &= \int_{V_e}\boldsymbol{N}^{\mathrm{T}}\rho\boldsymbol{N}\mathrm{d}V = \rho t\iint\begin{Bmatrix}\boldsymbol{L}_1\\ \boldsymbol{L}_2\\ \boldsymbol{L}_3\end{Bmatrix}[\boldsymbol{L}_1 \quad \boldsymbol{L}_2 \quad \boldsymbol{L}_3]\mathrm{d}x\mathrm{d}y\\ &= \rho t\iint\begin{bmatrix}\boldsymbol{L}_1\boldsymbol{L}_1 & \boldsymbol{L}_1\boldsymbol{L}_2 & \boldsymbol{L}_1\boldsymbol{L}_3\\ \boldsymbol{L}_2\boldsymbol{L}_1 & \boldsymbol{L}_2\boldsymbol{L}_2 & \boldsymbol{L}_2\boldsymbol{L}_3\\ \boldsymbol{L}_3\boldsymbol{L}_1 & \boldsymbol{L}_2 & \boldsymbol{L}_3\end{bmatrix}\mathrm{d}x\mathrm{d}y\end{aligned}$$

利用面积坐标的积分公式,可由上式求得

$$\boldsymbol{m}=\frac{\rho tA}{3}\begin{bmatrix}\frac{1}{2} & & & & & \\ 0 & \frac{1}{2} & & \text{对} & & \\ \frac{1}{4} & 0 & \frac{1}{2} & & \text{称} & \\ 0 & \frac{1}{4} & 0 & \frac{1}{2} & & \\ \frac{1}{4} & 0 & \frac{1}{4} & 0 & \frac{1}{2} & \\ 0 & \frac{1}{4} & 0 & \frac{1}{4} & 0 & \frac{1}{2}\end{bmatrix}$$

► 9.2.2 集中质量矩阵

由式(9.9)集合得到的整体质量矩阵 $\boldsymbol{M}$ 将是带状的对称矩阵,其计算存储数据量与刚度矩阵 $\boldsymbol{K}$ 相同。为了简化计算,假设单元的质量集中分配在各结点上,这样得到的质量矩阵是对角线矩阵,称为单元集中质量矩阵。于是,整体质量矩阵 $\boldsymbol{M}$ 也将是对角线矩阵,给存储和

计算都带来了方便。

动力方程(9.13)可以由拉格朗日方程推导出,其中结构的总动能就是各单元动能之和,即

$$T = \sum T^e$$

单元内位移由结点位移插值为

$$\boldsymbol{u} = \boldsymbol{N\delta}^e$$

则速度为 $\dot{\boldsymbol{u}} = \boldsymbol{N}\dot{\boldsymbol{\delta}}^e$。

如 ρ 为材料密度,则单元动能为

$$\begin{aligned} \boldsymbol{T}^e &= \frac{1}{2}\int_{V^e} \dot{\boldsymbol{u}}^{\mathrm{T}}\rho\dot{\boldsymbol{u}}\mathrm{d}V = \frac{1}{2}\int_{V^e} (\boldsymbol{N}\dot{\boldsymbol{\delta}}^e)^{\mathrm{T}}\rho\boldsymbol{N}\dot{\boldsymbol{\delta}}^e\mathrm{d}V \\ &= \frac{1}{2}(\dot{\boldsymbol{\delta}}^e)^{\mathrm{T}}\int_{V^e}\boldsymbol{N}^{\mathrm{T}}\rho\boldsymbol{N}\mathrm{d}V\dot{\boldsymbol{\delta}}^e = \frac{1}{2}(\dot{\boldsymbol{\delta}}^e)^{\mathrm{T}}\boldsymbol{M}^e\dot{\boldsymbol{\delta}}^e \end{aligned}$$

可见,单元动能为结点速度 $\dot{\boldsymbol{\delta}}^e$ 的二次型,而单元质量矩阵就是此二次型的系数矩阵。

对于平面或三维问题,结点位移部分为互相垂直的线位移,如果把单元的质量平均分配到单元各结点,则单元动能为

$$T^e = \frac{1}{2}\sum_{k=1}^{n} m_k\dot{u}_k^2$$

$$\boldsymbol{M}^e = \begin{bmatrix} m_1 & & & & \\ & m_2 & & & \\ & & m_3 & & \\ & & & \ddots & \\ & & & & m_n \end{bmatrix}$$

其中,m_k 为对应于 k 号结点位移分量的结点质量,n 为单元自由度数,这样的质量矩阵就是对角型的,有

例如,对 3 结点三角形平面单元,单元总质量为 M,每结点都集中有平均分配的质量$\frac{M}{3}$。此单元有 6 个自由度,则其中单元集中质量矩阵为

$$\boldsymbol{M}^e = \frac{M}{3}\begin{bmatrix} 1 & & & & & \\ & 1 & & & & \\ & & 1 & & & \\ & & & 1 & & \\ & & & & 1 & \\ & & & & & 1 \end{bmatrix}$$

而 4 结点四面体单元的自由度为 12,M 为单元总质量,则此单元的集中质量矩阵为

$$\boldsymbol{M}^e = \frac{M}{4}\boldsymbol{I}$$

其中 $\boldsymbol{I}$ 为 12 阶单位阵。

对于直梁与板壳,动能计算较为复杂,而按式(9.9)仍可求得其一致质量矩阵。但是,为

了简化计算,也可以直接将单元质量平均分到各结点,成为几个质点,得到集中质量矩阵。例如,两结点直梁单元,i,j 为两结点,M 为单元质量。如果把质量平均分配并集中到两个结点,而对应的单元结点位移为

$$\boldsymbol{\delta}^e = [w_i \quad \theta_i \quad w_j \quad \theta_j]^{\mathrm{T}}$$

则动能为

$$T^e = \frac{1}{2}\frac{M}{2}\dot{w}_i^{\ 2} + \frac{1}{2}\frac{M}{2}\dot{w}_j^2$$

集中质量矩阵为

$$\boldsymbol{M}^e = \begin{bmatrix} \frac{M}{2} & & & \\ & 0 & & \\ & & \frac{M}{2} & \\ & & & 0 \end{bmatrix}$$

其中零对角元素对应于两结点的转动位移 θ_i,θ_j。因为质量集中于两个质点,也就忽略了梁截面转动的惯性。对于细梁和薄板壳,对应于结点转动的动能是很小的,一般都可以忽略。只把单元质量分配到各结点,最为质点只计算线位移运动的动能而得到单元的集中质量矩阵,这是合理的,又较为简单。

▶　9.2.3　质量矩阵的静力缩聚

如果在质量矩阵中忽略了一部分自由度方向的质量,可以把没有质量的结点位移集中在一起记为 $\boldsymbol{\delta}_b$。在忽略阻尼的情况下动力方程可分块写成

$$\begin{bmatrix} \boldsymbol{M}_{aa} & 0 \\ 0 & 0 \end{bmatrix} \begin{Bmatrix} \ddot{\boldsymbol{\delta}}_a \\ \ddot{\boldsymbol{\delta}}_b \end{Bmatrix} + \begin{bmatrix} \boldsymbol{K}_{aa} & \boldsymbol{K}_{ab} \\ \boldsymbol{K}_{ba} & \boldsymbol{K}_{bb} \end{bmatrix} \begin{Bmatrix} \boldsymbol{\delta}_a \\ \boldsymbol{\delta}_b \end{Bmatrix} = \begin{Bmatrix} \boldsymbol{F}_a \\ \boldsymbol{F}_b \end{Bmatrix}$$

或者分开写成

$$\boldsymbol{M}_{aa}\ddot{\boldsymbol{\delta}}_a + \boldsymbol{K}_{aa}\boldsymbol{\delta}_a + \boldsymbol{K}_{ab}\boldsymbol{\delta}_b = \boldsymbol{F}_a \tag{9.19a}$$

$$\boldsymbol{K}_{ba}\boldsymbol{\delta}_a + \boldsymbol{K}_{bb}\boldsymbol{\delta}_b = \boldsymbol{F}_b \tag{9.19b}$$

式(9.19b)实际是一个代数方程,是一个平衡方程。因为在不计阻尼的情况下,没有质量也就忽略了惯性力,自然也就是荷载与弹性力间的平衡了。由式(9.19b)可以解出

$$\boldsymbol{\delta}_b = \boldsymbol{K}_{ab}^{-1}(\boldsymbol{F}_b - \boldsymbol{K}_{ba}\boldsymbol{\delta}_a) \tag{9.19c}$$

代入式(9.19c),有

$$\begin{aligned} &\boldsymbol{M}_{aa}\ddot{\boldsymbol{\delta}}_a + (\boldsymbol{K}_{aa} - \boldsymbol{K}_{ab}\boldsymbol{K}_{bb}^{\ -1}\boldsymbol{K}_{ba})\boldsymbol{\delta}_a \\ &= \boldsymbol{F}_a - \boldsymbol{K}_{ab}\boldsymbol{K}_{bb}^{\ -1}\boldsymbol{F}_b \end{aligned} \tag{9.20}$$

这是一个阶数小一些的动力微分方程,求解的计算量也就减小了。

由动力方程(9.20)解出 $\boldsymbol{\delta}_a$。回代到式(9.19c),可以得到另一部分结点位移 $\boldsymbol{\delta}_b$。这种降阶求解动力方程的方法称为静力缩聚。在刚架系统、板壳类结构的有限元动力分析中,经常

可以忽略对应于结点转动的质量,可以把结点的转角按此方法消去,只求解对应于结点线位移(甚至只是挠度)的降阶的动力方程。

▶ 9.2.4 主副自由度

工程中结构的低阶固有频率和模态是更为重要的。

只求系统低阶部分的固有频率和模态时,还可以大力减小系统的自由度,以求简化动力计算。对具体结构,可以凭经验选出其中几个主要结点的位移作为“主自由度”,记为 $\boldsymbol{\delta}_a$。另一部分结点位移为“副自由度”,记为 $\boldsymbol{\delta}_b$。一般主自由度的数目可为总自由度数的 $\frac{1}{10}$ 或 $\frac{1}{20}$。计算时,暂时先不考虑副自由度方向的质量、阻尼和荷载,只考虑主、副自由度之间的弹性联系,则式(9.19b)可简化为

$$\boldsymbol{K}_{ba}\boldsymbol{\delta}_a + \boldsymbol{K}_{bb}\boldsymbol{\delta}_b = 0 \tag{9.21}$$

这相当于一个约束方程,人为主副自由度之间必须满足式(9.21)的联系。如果 $\boldsymbol{\delta}_a$ 为独立变量,$\boldsymbol{\delta}_b$ 为从属的、不独立的,则由式(9.21)可以解出

$$\boldsymbol{\delta}_b = -\boldsymbol{K}_{bb}^{-1}\boldsymbol{K}_{ba}\boldsymbol{\delta}_a$$

此结果与恒等式 $\boldsymbol{\delta}_a = \boldsymbol{\delta}_a$,合在一起,有

$$\boldsymbol{\delta} = \begin{Bmatrix} \boldsymbol{\delta}_a \\ \boldsymbol{\delta}_b \end{Bmatrix} = \begin{bmatrix} \boldsymbol{I} \\ -\boldsymbol{K}_{bb}^{-1}\boldsymbol{K}_{ba} \end{bmatrix}\boldsymbol{\delta}_a = \boldsymbol{T}\boldsymbol{\delta}_a \tag{9.22}$$

这里

$$\boldsymbol{T} = \begin{bmatrix} \boldsymbol{I} \\ -\boldsymbol{K}_{bb}^{-1}\boldsymbol{K}_{ba} \end{bmatrix}$$

可认为是一个变换矩阵,是一个长方形矩阵,通过式(9.22),可把结点位移 $\boldsymbol{\delta}$ 变换为更低阶的独立结点位移 $\boldsymbol{\delta}_a$。将式(9.22)代入动力方程(9.22),并前乘以 $\boldsymbol{T}^{\mathrm{T}}$,有

$$\boldsymbol{T}^{\mathrm{T}}\boldsymbol{M}\boldsymbol{T}\ddot{\boldsymbol{\delta}}_a + \boldsymbol{T}^{\mathrm{T}}\boldsymbol{C}\boldsymbol{T}\dot{\boldsymbol{\delta}}_a + \boldsymbol{T}^{\mathrm{T}}\boldsymbol{K}\boldsymbol{T}\boldsymbol{\delta}_a = \boldsymbol{T}^{\mathrm{T}}\boldsymbol{F}$$

或

$$\boldsymbol{M}^*\ddot{\boldsymbol{\delta}}_a + \boldsymbol{C}^*\dot{\boldsymbol{\delta}}_a + \boldsymbol{K}^*\boldsymbol{\delta}_a = \boldsymbol{F}^* \tag{9.23}$$

其中

$$\left.\begin{aligned} \boldsymbol{M}^* &= \boldsymbol{T}^{\mathrm{T}}\boldsymbol{M}\boldsymbol{T} \\ \boldsymbol{C}^* &= \boldsymbol{T}^{\mathrm{T}}\boldsymbol{C}\boldsymbol{T} \\ \boldsymbol{K}^* &= \boldsymbol{T}^{\mathrm{T}}\boldsymbol{K}\boldsymbol{T} \\ \boldsymbol{F}^* &= \boldsymbol{T}^{\mathrm{T}}\boldsymbol{F} \end{aligned}\right\} \tag{9.24}$$

分别为变换到主自由度位移 $\boldsymbol{\delta}_a$ 的相当质量、阻尼、刚度矩阵和荷载列阵。式(9.23)是一个阶数较低的动力方程,求解是比较方便的。

这里并没有完全忽略副自由度方向的质量,否则可能太过简化了;只是按没有副自由度的质量、阻尼等弹性关系式(9.9)建立变换矩阵 $\boldsymbol{T}$,而将原有的 $\boldsymbol{M},\boldsymbol{C},\boldsymbol{K},\boldsymbol{F}$ 等变换为低阶。

这种方法并不限于动力问题,当结构中某些结点位移之间有着某种约束时,都可以由约束方程解出不独立的部分结点位移 $\boldsymbol{\delta}_b$,建立变换矩阵 $\boldsymbol{T}$,再变换原方程求解。

▶ 9.2.5 阻尼矩阵

阻尼矩阵的计算公式与质量矩阵相同，只是系数不同。但需注意，这里考虑的是最简单的黏滞阻尼的情况，即假设阻尼力与速度成正比。这个假设与实验结果并不能很好地符合，不过由于这个假设在数学处理上很方便，所以仍被广泛应用。

可以通过调整阻尼矩阵，使它与实验结果更加符合。应用上为保留数学处理上的简单，同时又要符合实际情况，通常不是直接计算阻尼矩阵 $\boldsymbol{c}$，而是根据实测资料，由振动过程中结构的能量消耗来决定阻尼矩阵。一般采用如下线性关系，称为瑞利(Rayleigh)阻尼，即

$$\boldsymbol{c} = \alpha \boldsymbol{m} + \beta \boldsymbol{k} \tag{9.25}$$

式中，α，β 由实验确定，也可以取 $\boldsymbol{c} = \alpha \boldsymbol{m}$ 或 $\boldsymbol{c} = \beta \boldsymbol{k}$。

9.3 结构动力特性分析

动力特性分析的主要内容是求解固有频率和振型。对于自由振动，则结构动力方程(9.13)可简化式为

$$\boldsymbol{M}\ddot{\boldsymbol{\delta}} + \boldsymbol{K}\boldsymbol{\delta} = 0 \tag{9.26}$$

式(9.26)为二阶常系数线性齐次微分方程组，其解的形式为

$$\boldsymbol{\delta} = \bar{\boldsymbol{\delta}} \sin \omega t$$

代入式(9.26)，得

$$(\boldsymbol{K} - \omega^2 \boldsymbol{M})\bar{\boldsymbol{\delta}} = \boldsymbol{0} \tag{9.27}$$

齐次方程组(9.27)有非零解的条件为

$$|\boldsymbol{K} - \omega^2 \boldsymbol{M}| = \boldsymbol{0} \tag{9.28}$$

式(9.28)即为式(9.26)的特征方程，是 ω^2 的 n 次实系数方程，n 为矩阵阶数。

在特征方程(9.28)中，刚度矩阵 $\boldsymbol{K}$ 是对称的，引入约束条件消除刚体位移后 $\boldsymbol{K}$ 是正定的。采用一致质量矩阵时 $\boldsymbol{M}$ 也是正定的，且有与 $\boldsymbol{K}$ 相同的带状性质；采用团聚质量矩阵且又考虑转动惯量或不考虑转角自由度时，$\boldsymbol{M}$ 也是正定的。

求解方程(9.27)的问题称为广义特征值问题，式(9.27)的解 $\omega^2 = \omega_i^2$ 及其对应的矢量 $\bar{\boldsymbol{\delta}}_i (i = 1, 2, \cdots, n)$ 分别称为特征值和特征向量。

利用刚度矩阵 $\boldsymbol{K}$ 的正定性质，可以将广义特征值问题方便地化为标准特征值问题。首先将 $\boldsymbol{K}$ 分解为

$$\boldsymbol{K} = \boldsymbol{L} \cdot \boldsymbol{L}^{\mathrm{T}}$$

其中 $\boldsymbol{L}$ 为下三角阵。式(9.27)成为

$$(\boldsymbol{L} \cdot \boldsymbol{L}^{\mathrm{T}} - \omega^2 \cdot \boldsymbol{M})\bar{\boldsymbol{\delta}} = 0$$

令

$$\lambda = \frac{1}{\omega^2}, x = \boldsymbol{L}^{\mathrm{T}} \cdot \bar{\boldsymbol{\delta}}$$

则

$$\lambda \boldsymbol{L} \cdot \boldsymbol{x} - \boldsymbol{M} \cdot (\boldsymbol{L}^{-1})^{\mathrm{T}} \cdot \boldsymbol{x} = 0$$

前乘$\boldsymbol{L}^{-1}$,得

$$\lambda \cdot \boldsymbol{x} - \boldsymbol{L}^{-1} \cdot \boldsymbol{M} \cdot (\boldsymbol{L}^{-1})^{\mathrm{T}} \cdot \boldsymbol{x} = 0$$

式中 $\boldsymbol{I}$ 为与 $\boldsymbol{L}$ 同阶的单位阵。

令

$$\tilde{\boldsymbol{M}} = \boldsymbol{L}^{-1} \cdot \boldsymbol{M} \cdot (\boldsymbol{L}^{-1})^{T}$$

得

$$(\tilde{\boldsymbol{M}} - \lambda \cdot \boldsymbol{I}) \cdot \boldsymbol{x} = 0 \tag{9.29}$$

式(9.29)即为式(9.27)对应的标准特征值问题。

如果质量矩阵 $\boldsymbol{M}$ 是正定的,式(9.27)也可化为下述形式的特征值问题

$$(\tilde{\boldsymbol{K}} - \lambda \cdot \boldsymbol{I}) \cdot \boldsymbol{x} = 0 \tag{9.30}$$

式中

$$\tilde{\boldsymbol{K}} = \boldsymbol{L}^{-1} \cdot \boldsymbol{K} \cdot (\boldsymbol{L}^{-1})^{\mathrm{T}}$$
$$\boldsymbol{M} = \boldsymbol{L} \cdot \boldsymbol{L}^{\mathrm{T}}$$
$$\boldsymbol{x} = \boldsymbol{L}^{\mathrm{T}} \cdot \boldsymbol{\delta}$$
$$\lambda = \omega^2$$

变换后的 $\tilde{\boldsymbol{K}}$ 阵和 $\tilde{\boldsymbol{M}}$ 阵仍具有对称正定性质,但带状特性一般不再保留。

求解标准特征值问题式(9.29)或式(9.30),可以得出特征值 ω_i 和与其对应的特征向量 $\bar{\boldsymbol{\delta}}_i(i=1,2,\cdots,n)$。求解可采用广义雅克比方法。

结构振动分析问题与静力分析问题的根本区别是增加了与加速度有关的惯性力及阻尼相关的阻尼力项,作用力及结构响应都是随时间而变化的。动力分析的常见类型如下:

①模态分析。分析结构的振动参数,如固有频率及振型,以用于控制外加荷载频率或改变结构固有频率,以避免共振现象的出现。它也是模态叠加分析方法的基础。

②频率响应分析,又称为谐响应分析。分析结构在周期性荷载作用下的稳态响应。在周期性荷载作用下,结构响应的瞬态部分在阻尼的作用下很快就会消耗掉,最终只剩下稳态响应部分。频率响应分析可以使设计者避免共振、疲劳以及其他有害强迫振动作用的影响。

③瞬态响应分析,又称为时程响应分析。分析结构在随时间变化的荷载作用下的瞬态响应,得到随时间变化的位移、速度、加速度及应力。

④响应谱分析。利用"谱"计算结构响应的一种方法,主要用来替代时程响应分析,决定结构在随机荷载,如地震、风荷载及海浪荷载等随时间变化荷载作用下的响应。

对于求解结构动力问题的方法可参考有关书籍。

附　录

附录 A　插值函数

从某种角度可以认为，有限元法的核心思想之一就是设定待求函数以有限的待定结点参数在其分块定义域上（有限）进行插值表示，以此来逼近待求函数。学习函数插值的概念以及相关方法对理解和推导有限元是十分重要的。

A.1　插值函数

设 $y=y(x)$ 在区间 $[a,b]$ 上有定义，且已知在点 $a \leqslant x_1 \leqslant x_2 \leqslant \cdots \leqslant x_{n+1} \leqslant b$ 上的值 $y_1, y_2, \cdots, y_{n+1}$，若存在函数 $I(x)$，使得

$$I(x_i)=y_i \quad (i=1,\cdots,n+1) \tag{A.1}$$

则称 $I(x)$ 为 $y(x)$ 的插值函数，点 $x_1, x_2, \cdots, x_{n+1}$ 称为插值结点，区间 $[a,b]$ 称为插值区间。

从几何上看，插值法就是求曲线 $y=I(x)$，使其通过给定的 $n+1$ 个点 (x_i, y_i)，$(i=1,\cdots,n+1)$，并用它近似已知曲线 $y=y(x)$，如图 A.1 所示。

通常，有 $n+1$ 个不同插值点的插值函数可以改写成为如下形式：

$$I(x) = \sum_{i=1}^{n+1} N_i(x) y_i \tag{A.2}$$

称 $N_i(x)$ 为点 x_i 对应的插值基函数。

插值基函数应该具有以下性质：

(1) $N_i(x_j) = \delta_{ij} = \begin{cases} 0 & j \neq i \\ 1 & j = i \end{cases}$

(2) $\sum_{i=1}^{n+1} N_i(x) = 1$

(3) $N_i(x)$ 与 $I(x)$ 函数形式是相同的。特别地，若 $I(x)$ 是最高次数为 n 的代数多项式，则

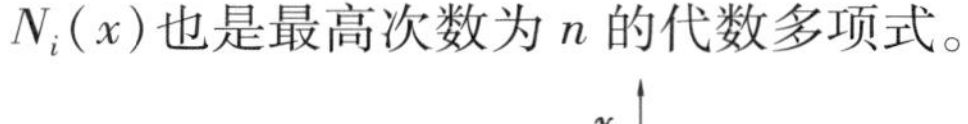

$N_i(x)$也是最高次数为 n 的代数多项式。

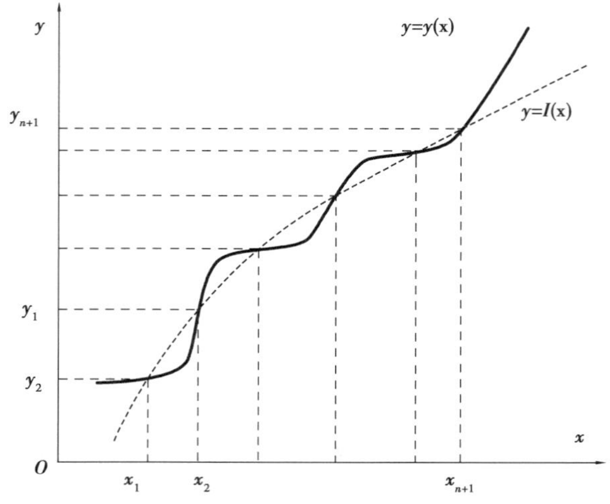

图 A.1 函数的插值近似

▶ A.2 多项式插值函数

$I(x)$的形式可能是多种多样,常见的即为多项式函数。

若 $I(x)$的最高次数为 n 的代数多项式,则 $I(x)=a_0+a_1x+\cdots+a_nx^n$(其中 a_i 为实数),则称 $I(x)$为插值多项式。这种插值称为代数插值。

拉格朗日插值表示为

$$N_i(x)=\frac{(x-x_1)\cdots(x-x_{i-1})(x-x_{i+1})\cdots(x-x_{n+1})}{(x_i-x_1)\cdots(x_i-x_{i-1})(x_i-x_{i+1})\cdots(x_i-x_{n+1})}$$

$$=\prod_{\substack{j=1\\ j\neq i}}^{n+1}\frac{x-x_j}{x_i-x_j}\qquad(i=1,2,\cdots,n+1)\tag{A.3}$$

显然,拉格朗日插值多项式满足上述插值基函数应该具有的性质。

▶ A.3 分段线性插值函数

在代数插值中,为了提高插值多项式对函数的逼近程度,可以采用增加结点数以提高多项式次数的方法,但这样做往往不能达到预想的结果。直观上容易想象,如果不用多项式曲线,而是将曲线上两个相邻的点用线段连接起来(图 A.2),这样得到的折线必定能较好地近似原函数曲线。而且,只要 $y=y(x)$连续,结点越密,逼近程度越好。由此得到启发,为了提高精度,在加密结点时,可以把原区间分成若干段,分段用多项式逼近待定函数,这就是分段插值的思想。用折线近似曲线,相当于分段用线性插值,称为分段性插值。

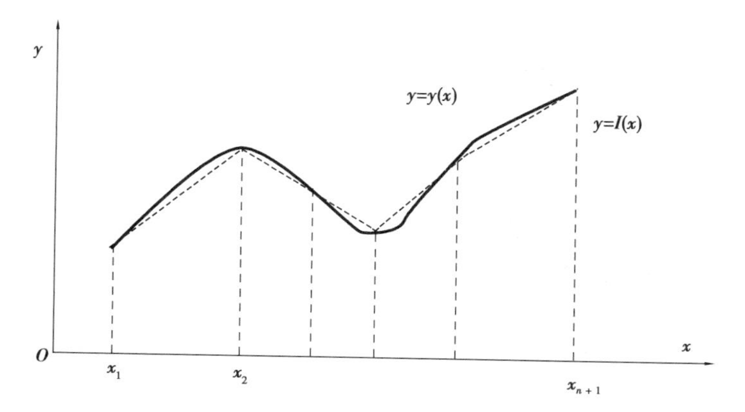

图 A.2　函数的分段线性插值

在区间$[a,b]$上给定 $n+1$ 个结点，$a \leqslant x_1 \leqslant x_2 \leqslant \cdots \leqslant x_{n+1} \leqslant b$，以及结点上的函数值 $y_i = y(x_i)(i=1,2,\cdots,n+1)$，设插值函数 $I(x)$，使

(1)$I(x_i) = y_i(i=1,2,\cdots,n+1)$；

(2)在每个小区间$[x_i,x_{i+1}](i=1,2,\cdots,n+1)$上 $I(x)$是线性函数。

则 $I(x)$为区间$[a,b]$上关于数据$(x_i,y_i)(i=1,2,\cdots,n+1)$的分段线性插值，如图 A.2 所示。

由拉格朗日线性插值公式，容易写出 $I(x)$的分段表达式为

$$I(x) = \frac{x - x_{i+1}}{x_i - x_{i+1}}y_i + \frac{x - x_i}{x_{i+1} - x_i}y_{i+1} \qquad x_i \leqslant x \leqslant x_{i+1}(i=1,2,\cdots,n+1) \tag{A.4}$$

也可以通过改造基函数的方法来求 $I(x)$。

首先构造一组基函数 $N_i(x)(i = 1,2,\cdots,n+1)$，每个 $N_i(x)$ 满足

(1) $N_i(x) = \begin{cases} 0 & j \neq i \\ 1 & j = i \end{cases} \qquad (i=1,2,\cdots,n+1)$

(2)$N_i(x)$在每个小区间$[x_i,x_{i+1}](i=1,2,\cdots,n)$上线性函数。

这组函数称为分段线性插值基函数，如图 A.3 所示。

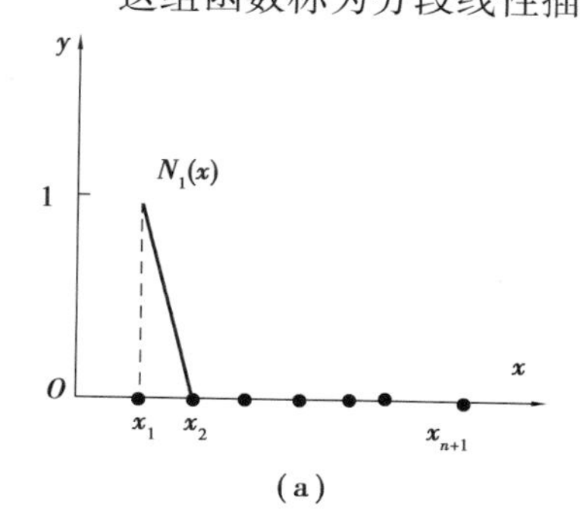

(a)

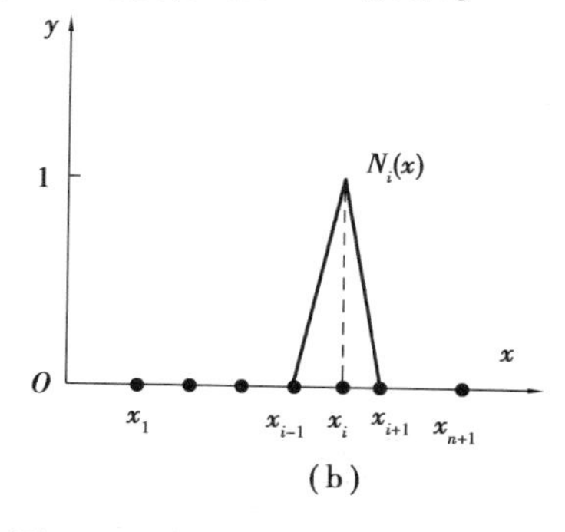

(b)

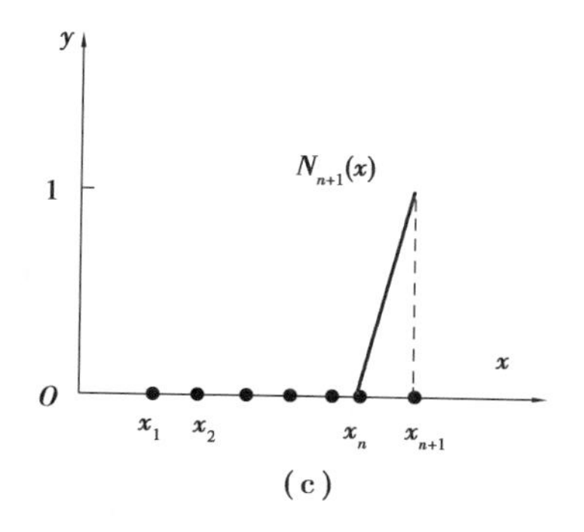

(c)

图 A.3　分段线性插值的基函数

由图 A.3 可直接写出 $N_i(x)$的表达式如

$$N_i(x) = \begin{cases} \dfrac{x - x_2}{x_1 - x_2} & x \in [x_1, x_2] \\ 0 & x \notin [x_1, x_2)] \end{cases} \tag{A.5}$$

$$N_i(x) = \begin{cases} \dfrac{x - x_{i-1}}{x_i - x_{i-1}} & x \in [x_{i-1}, x_i] \\ \dfrac{x - x_{i+1}}{x_i - x_{i+1}} & x \in [x_i, x_{i+1}] \\ 0 & x \notin [x_{i-1}, x_i] \cup [x_i, x_{i+1}] \end{cases} \quad i = 2 \sim n \tag{A.6}$$

$$N_{n+1}(x) = \begin{cases} \dfrac{x - x_n}{x_{n+1} - x_n} & x \in [x_n, x_{n+1}] \\ 0 & x \notin [x_n, x_{n+1}] \end{cases} \tag{A.7}$$

分段线性插值简单易行。可以证明,当结点加密时,分段线性插值的误差变小,收敛性有保证。另一方面,分段线性插值中,每个小区上的插值函数只依赖于本段的结点值,因而每个结点只影响到结点临近的一两个小区间,计算过程中数据误差基本上不扩大,从而保证了结点数增加时插值过程的稳定性。但分段线性插值函数仅在$[a,b]$上连续,一般来说,在结点处插值函数不可微,这就不能满足有些工程技术问题的光滑度要求。

附录 B　变分及能量原理

▶ B.1　变分法简介

B.1.1　函数的变分

如果对于变量 x 在某一变域上的每一个值,变量 y 有一个值和它对应,则变量 y 称为变量 x 的函数,记为

$$y = y(x)$$

如果由于自变量 x 有微小增量 $\mathrm{d}x$,函数 y 也有对应的微小增量 $\mathrm{d}y$,则增量 $\mathrm{d}y$ 称为函数 y 的微分,而

$$\mathrm{d}y = y'(x)\,\mathrm{d}x$$

其中 $y'(x)$ 为 y 对于 x 的导数。图 B.1 中曲线 AB 表示 y 与 x 的函数关系并给出微分 $\mathrm{d}y$。

现在,假想函数 $y(x)$ 的形式发生改变而成为新函数 $Y(x)$。如果对应于 x 的一个定值,y 具有微小的增量

$$\delta y = Y(x) - y(x) \tag{B.1}$$

则增量 δy 称为函数 $y(x)$ 的变分。显然,δy 一般也是 x 的函数。在图 B.1 中,用 CD 表示相应于新函数 $Y(x)$ 的曲线,并示出变分 δy。

例如,假定 AB 表示某个梁的一段挠度曲线(图 B.1),而 y 是梁截面的真实位移,则 CD 可以表示该梁发生虚位移以后的挠度曲线,而虚位移 δy 就是真实位移 $y(x)$ 的变分。

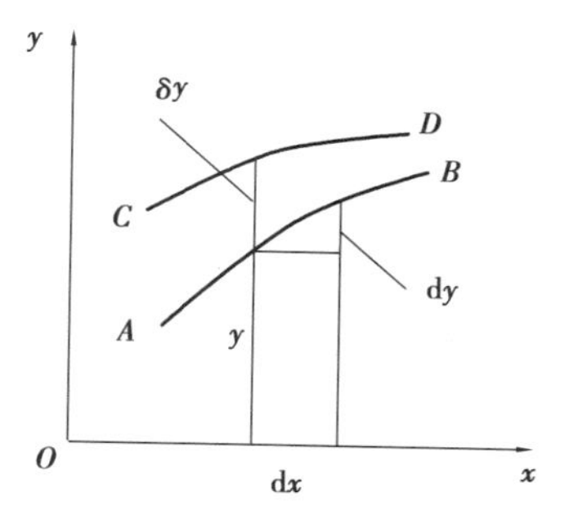

图 B.1

当 y 有变分 δy 时，导数 y' 一般也将有变分 $\delta(y')$，它等于新函数的导数与原函数的导数这两者之差，即

$$\delta(y') = Y'(x) - y'(x)$$

但由式(B.1)有

$$(\delta y)' = Y'(x) - y'(x)$$

于是可见有关系式 $\delta(y') = (\delta y)'$，或

$$\delta\left(\frac{\mathrm{d}y}{\mathrm{d}x}\right) = \frac{\mathrm{d}}{\mathrm{d}x}(\delta y) \tag{B.2}$$

这就是说，导数的变分等于变分的导数，因此，微分的运算和变分的运算可以交换次序。

B.1.2　泛函及其变分

如果对于某一类函数 $y(x)$ 中的每一个函数 $y(x)$，变量 I 有一个值和它对应，则变量 I 称为依赖于函数 $y(x)$ 的泛函，记为

$$I = I[y(x)] \tag{B.3}$$

简言之，泛函就是函数的函数。

例如，设 xy 面内有给定的两点 A 和 B（图 B.2），则连接这两点的任一曲线的长度为

$$l = \int_a^b \sqrt{1 + \left(\frac{\mathrm{d}y}{\mathrm{d}x}\right)^2}\,\mathrm{d}x$$

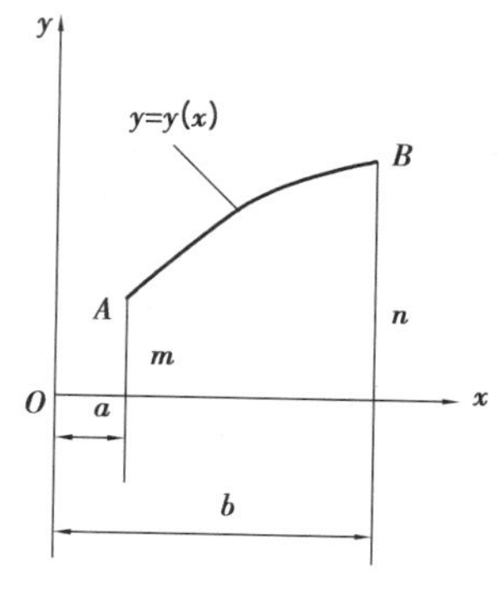

图 B.2

显然长度 l 依赖于曲线的形状，也就是依赖于函数 $y(x)$ 的形式。因此，长度 l 就是函数 $y(x)$ 的泛函。

在较一般的情况下，常见的泛函具有如下的形式：

$$I[y(x)] = \int_a^b f(x,y,y')\,\mathrm{d}x$$

或者简写为

$$I = \int_a^b f(x,y,y')\,\mathrm{d}x \tag{B.4}$$

其中的被积函数$f(x,y,y')$是x的复合函数。

首先来考察函数$f(x,y,y')$。当函数$y(x)$具有变分δy时，导函数y'也将随着具有变分$\delta y'$。这时，按照泰勒级数展开法则，函数f的增量可以写成

$$\begin{aligned}&f(x,y+\delta y,y'+\delta y')-f(x,y,y')\\&=\frac{\partial f}{\partial y}\delta y+\frac{\partial f}{\partial y'}\delta y'+(\delta y\text{ 及 }\delta y'\text{的高阶项})\end{aligned}$$

上式等号右边的前两项（关于δy和$\delta y'$的线性项）是函数f的增量的主部，定义为函数f的变分（一阶变分），表示为

$$\delta f = \frac{\partial f}{\partial y}\delta y + \frac{\partial f}{\partial y'}\delta y' \tag{B.5}$$

进一步考察式（B.4）所示的泛函I。当泛函$y(x)$及导函数$y'(x)$分别具有变分δy及$\delta y'$时，泛函I的增量显然为

$$\begin{aligned}&\int_a^b f(x,y+\delta y,y'+\delta y')\,\mathrm{d}x-\int_a^b f(x,y,y')\,\mathrm{d}x\\&=\int_a^b[f(x,y+\delta y,y'+\delta y')-f(x,y,y')]\,\mathrm{d}x\\&=\int_a^b[\delta f+(\delta y\text{ 及 }\delta y\text{ 的高阶项})]\,\mathrm{d}x\end{aligned}$$

同样，泛函I的一阶变分为

$$\delta I = \int_a^b(\delta f)\,\mathrm{d}x \tag{B.6}$$

将式（B.5）代入，即得泛函的一阶变分的表达式

$$\delta I = \int_a^b\left(\frac{\partial f}{\partial y}\delta y + \frac{\partial f}{\partial y'}\delta y'\right)\mathrm{d}x \tag{B.7}$$

由式（B.4）及式（B.6），可见有关系式

$$\delta\int_a^b f\,\mathrm{d}x = \int_a^b(\delta f)\,\mathrm{d}x \tag{B.8}$$

这就是说，只要积分的上下限保持不变，变分的运算与定积分的运算可以交换次序。

B.1.3 泛函的极值问题——变分问题

如果函数$y(x)$在$x=x_0$的临近任一点上的值都不大于或都不小于$y(x_0)$，也就是

$$\mathrm{d}y = y(x) - y(x_0) \leqslant 0$$

或

$$\mathrm{d}y = y(x) - y(x_0) \geqslant 0$$

则称函数$y(x)$在$x=x_0$处达到极大值或极小值，而必要的极值条件为$\mathrm{d}y/\mathrm{d}x=0$或$\mathrm{d}y=0$。

对于式（B.2）所示形式的泛函$I[y(x)]$，也可以通过分析而得出相似的结论如下：如果泛

函 $I[y(x)]$ 在 $y=y_0(x)$ 的临近任意一条曲线上的值都大于或等不小于 $I[y_0(x)]$，也就是一阶变分

$$\delta I=I[y(x)]-I[y_0(x)]\leqslant 0$$

或

$$\delta I=I[y(x)]-I[y_0(x)]\geqslant 0$$

则称泛函 $I[y(x)]$ 在曲线 $y=y_0(x)$ 上达到极大值或极小值，而泛函极值的必要条件为一阶变分

$$\delta I=0 \tag{B.9}$$

相应的曲线 $y=y_0(x)$ 称为泛函 $I[y(x)]$ 的极值曲线。关于泛函 I 为极值的充分条件是：如果二阶变分 $\delta^2 I\geqslant 0$，则 I 为极小值；如果 $\delta^2 I\leqslant 0$，则 I 为极大值。在一般的泛函极值问题中，只需考虑必要条件就可以了。

凡是有关泛函极值的问题，都称为变分问题，而变分法主要就是研究如何求泛函极值的方法。

下面来讨论这样一个典型的变分问题：设图 B.2 中 $y=y(x)$ 所示的曲线被指定通过 A,B 两点，也就是 $y(x)$ 具有边界条件

$$y(a)=m,y(b)=n \tag{B.10}$$

试用泛函 $I=\int_a^b f(x,y,y')\mathrm{d}x$ 的极值条件求出函数 $y(x)$。

首先来导出这一变分问题中的极值条件 $\delta I=0$ 的具体形式。在变分 δf 的表达式(B.7)中，右边的第二部分是

$$\int_a^b \frac{\partial f}{\partial y'}\delta y'\mathrm{d}x=\int_a^b \frac{\partial f}{\partial y'}\frac{\mathrm{d}}{\mathrm{d}x}(\delta y)\mathrm{d}x$$

进行分部积分，得

$$\int_a^b \frac{\partial f}{\partial y'}\delta y'\mathrm{d}x=\left[\frac{\partial f}{\partial y'}\delta y\right]_a^b-\int_a^b \delta y\frac{\mathrm{d}}{\mathrm{d}x}\left(\frac{\partial f}{\partial y'}\right)\mathrm{d}x$$

但是，按照边界条件式(B.10)，在 $x=a$ 及 $x=b$ 处，y 不变，因而有 $\delta y=0$，可见

$$\int_a^b \frac{\partial f}{\partial y'}\delta y'\mathrm{d}x=-\int_a^b \delta y\frac{\mathrm{d}}{\mathrm{d}x}\left(\frac{\partial f}{\partial y'}\right)\mathrm{d}x$$

代入式(B.7)的右边，得出

$$\delta I=\int_a^b\left[\frac{\partial f}{\partial y}\delta y-\delta y\frac{\mathrm{d}}{\mathrm{d}x}\left(\frac{\partial f}{\partial y'}\right)\right]\mathrm{d}x=\int_a^b \delta y\left[\frac{\partial f}{\partial y}-\frac{\mathrm{d}}{\mathrm{d}x}\left(\frac{\partial f}{\partial y'}\right)\right]\mathrm{d}x$$

于是，根据 δy 的任意性，由 $\delta I=0$ 得到极值条件

$$\frac{\partial f}{\partial y}-\frac{\mathrm{d}}{\mathrm{d}x}\left(\frac{\partial f}{\partial y'}\right)=0 \tag{B.11}$$

由此可以得出函数 $y(x)$ 的微分方程，而这一微分方程的解答将给出函数 $y(x)$。

注意：在式(B.11)中，偏导数只表示 x,y,y' 三者互不依赖时的运算，而在 $\frac{\mathrm{d}}{\mathrm{d}x}$ 的运算中，必须考虑 y 及 y' 均为 x 的函数。

作为简例，试求图 B.2 中 AB 曲线为最短时的函数 $y(x)$。在这里，有

$$I = l = \int_a^b \sqrt{1 + (y')^2}\,\mathrm{d}x$$

于是由式(B.4)得 $f = \sqrt{1 + (y')^2}$,从而由式(B.11)得极值条件

$$0 - \frac{\mathrm{d}}{\mathrm{d}x}\left[\frac{y'}{\sqrt{1 + (y')^2}}\right] = 0$$

即

$$\frac{y'}{\sqrt{1 + (y')^2}} = C$$

其中 C 是任意常数。求解这一方程,得 $y' = C_1$,从而有

$$y = y(x) = C_1 x + C_2$$

可见最短曲线为一直线。任意常数 C_1 及 C_2 可由边界条件式(B.10)求得。

▶ B.2 弹性理论的能量变分原理

B.2.1 弹性体的总势能

弹性力学变分法中所研究的泛函,就是弹性体的能量,如形变势能、外力势能等。本章介绍变分法中按位移求解的方法,其中取位移为基本未知函数。

在单向受力状态下,弹性体在某一个方向(例如 x 方向)受有均匀的正应力 σ_x,相应的线应变为 ε_x。若能量守恒,在弹性体在变形过程应力 σ_x 所做的功 $\int_0^{\varepsilon_x}\sigma_x \mathrm{d}\varepsilon_x$ 全部转化为弹性体的形变势能。

变形过程中,应力分量 σ_x 及其相应的形变的分量 ε_x 服从胡克定律,即两者之间成线性关系(图 B.3),因此

$$\int_0^{\varepsilon_x}\sigma_x \mathrm{d}\varepsilon_x = \frac{1}{2}\sigma_x\varepsilon_x$$

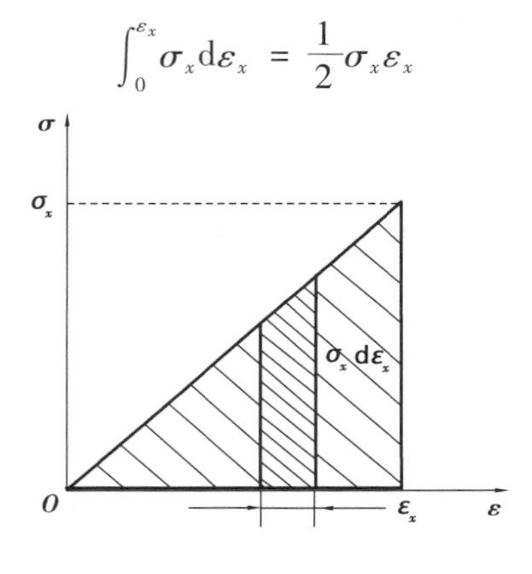

图 B.3

设弹性体形变势能为 U,单位体积中具有的形变势能为 U_1,称作形变势能密度,则

$$U_1 = \frac{1}{2}\sigma_x\varepsilon_x$$

对于一般弹性体受有全部 6 个应力分量 $\sigma_x, \sigma_y, \sigma_z, \tau_{xy}, \tau_{yz}, \tau_{zx}$,由小变形假定,形变势能与弹性体的受力的次序无关,而完全确定于应力与形变的最终大小。形变势能密度为各应力分量在相应应变所做的功之和,从而得到弹性体的形变势能密度

$$U_1=\frac{1}{2}(\sigma_x\varepsilon_x+\sigma_y\varepsilon_y+\sigma_z\varepsilon_z+\tau_{xy}\gamma_{xy}+\tau_{yz}\gamma_{yz}+\tau_{zx}\gamma_{zx}) \quad (B.12)$$

在平面问题中，$\tau_{yz}=0,\tau_{zx}=0$。在平面应力中还有 $\sigma_z=0$；在平面应变问题中，还有 $\varepsilon_z=0$。因此，在两种平面问题中，弹性体的形变势能密度的表达式都简化为

$$U_1=\frac{1}{2}(\sigma_x\varepsilon_x+\sigma_y\varepsilon_y+\tau_{xy}\gamma_{xy}) \quad (a)$$

为了简便，在 z 方向取单位长度，平面域 A 内的形变势能

$$U=\iint_A U_1\mathrm{d}x\mathrm{d}y=\frac{1}{2}\iint_A(\sigma_x\varepsilon_x+\sigma_y\varepsilon_y+\tau_{xy}\gamma_{xy})\mathrm{d}x\mathrm{d}y \quad (B.13)$$

利用平面应力问题的物理方程

$$\left.\begin{aligned}\sigma_x&=\frac{E}{1-\mu^2}(\varepsilon_x+\mu\varepsilon_y)\\ \sigma_y&=\frac{E}{1-\mu^2}(\varepsilon_y+\mu\varepsilon_x)\\ \tau_{xy}&=\frac{E}{1-2\mu}\gamma_{xy}\end{aligned}\right\} \quad (b)$$

代入式(b)，得

$$U_1=\frac{E}{2(1-\mu^2)}\left[\varepsilon_x^2+\varepsilon_y^2+2\mu\varepsilon_x\varepsilon_y+\frac{1-\mu}{2}\gamma_{xy}^2\right] \quad (c)$$

将式(c)分别对$\varepsilon_x,\varepsilon_y,\gamma_{xy}$求导，参照式(b)，有

$$\frac{\partial U_1}{\partial\varepsilon_x}=\sigma_x,\quad \frac{\partial U_1}{\partial\varepsilon_y}=\sigma_y,\quad \frac{\partial U_1}{\partial\gamma_{xy}}=\tau_{xy} \quad (B.14)$$

上式表明：弹性体每单位体积中的形变势能对于任一形变分量的改变率，就等于相应的应力分量。

形变势能还可以用位移分量表示。为此，只需将几何方程式

$$\varepsilon_x=\frac{\partial u}{\partial x},\quad \varepsilon_y=\frac{\partial v}{\partial y},\quad \gamma_{xy}=\frac{\partial v}{\partial x}+\frac{\partial u}{\partial y}$$

代入式(e)得

$$U_1=\frac{E}{2(1-\mu^2)}\left[\left(\frac{\partial u}{\partial x}\right)^2+\left(\frac{\partial v}{\partial y}\right)^2+2\mu\frac{\partial u}{\partial x}\frac{\partial v}{\partial y}+\frac{1-\mu}{2}\left(\frac{\partial v}{\partial x}+\frac{\partial u}{\partial y}\right)^2\right] \quad (d)$$

并由式(b)得

$$U=\frac{E}{2(1-\mu^2)}\iint_A\left[\left(\frac{\partial u}{\partial x}\right)^2+\left(\frac{\partial v}{\partial y}\right)^2+2\mu\frac{\partial u}{\partial x}\frac{\partial v}{\partial y}+\frac{1-\mu}{2}\left(\frac{\partial v}{\partial x}+\frac{\partial u}{\partial y}\right)^2\right]\mathrm{d}x\mathrm{d}y \quad (B.15)$$

在式(B.15)中，只需将 E 换为$\frac{E}{1-\mu^2}$，将μ 换为$\frac{\mu}{1-\mu}$，就得出平面应变问题中相应公式。

由式(B.15)和式(f)可见，形变势能是形变分量或位移函数的二次泛函。

若弹性体受体力和面力作用，平面区域 A 内的体力分量f_x,f_y；s_σ 边界上的面力分量为 $\bar{f}_x$，$\bar{f}_y$，则外力在相应位移上所做的功称为外力功

$$W=\iint_A(f_xu+f_yv)\mathrm{d}x\mathrm{d}y+\int_{s_\sigma}(\bar{f}_xu+\bar{f}_yv)\mathrm{d}s \quad (B.16)$$

由于变形过程中，外力做功，降低了外力势能，因此在发生实际位移时，弹性体的外力势能是

$$\begin{aligned} V &= -W \\ &= -\iint_A (f_x u + f_y v)\,\mathrm{d}x\mathrm{d}y - \int_{s_\sigma} (\bar{f}_x u + \bar{f}_y v)\,\mathrm{d}s \end{aligned} \tag{B.17}$$

弹性体的形变势能与外力势能之和，即为弹性体的总势能 Π_s：

$$\Pi_s = U + V \tag{B.18}$$

B.2.2　位移变分方程

设有平面问题中的任一单位厚度的弹性体在一定的外力作用下处于平衡状态。令 u, v 为该弹性体中实际存在的位移分量，它们满足用位移分量表示的平衡微分方程，并满足位移边界条件以及用位移分量表示的应力边界条件。现在假设这些位移分量发生了位移边界条件所容许的微小改变，即所谓虚位移或位移变分 $\delta u, \delta v$，这时，弹性体从实际位移状态进入邻近的所谓虚位移状态：

$$u' = u + \delta u, \quad v' = v + \delta v$$

例如，图 B.4 中的梁在外力作用下的实际位移为 v，它满足平衡微分方程、位移边界条件和应力边界条件。假设在实际位移状态附近发生了约束条件（位移边界条件）容许的虚位移 δv，则梁进入邻近的虚位移状态 $v' = v + \delta v$ 。由于虚位移时满足约束条件的，因此在边界的约束处，即点 A 和点 B，$\delta v = 0$。

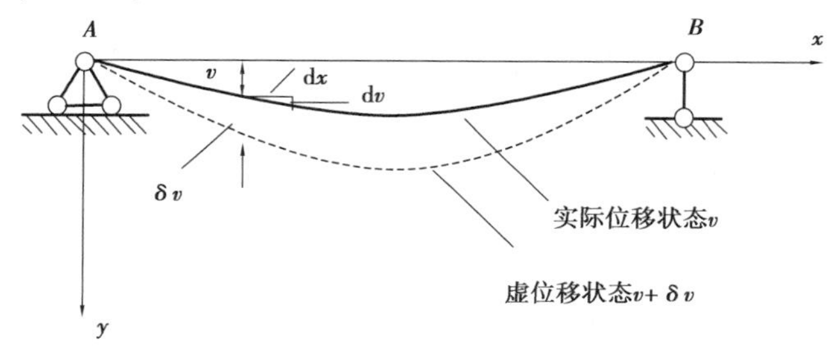

图 B.4　位移变分

现在来考察，由于弹性体发生了虚位移，所引起的外力势能和形变势能的改变。

由于位移的变分 δv，δv 引起的外力功的变分 δW（即外力虚功）和外力势能的变分 δV 为

$$\delta W = -\delta V = \iint_A (f_x \delta u + f_y \delta v)\,\mathrm{d}x\mathrm{d}y + \int_{s_\sigma} (\bar{f}_x \delta u + \bar{f}_y \delta v)\,\mathrm{d}s \tag{B.19}$$

由于位移的变分，引起应变的变分（虚应变）为

$$\delta\varepsilon_x = \frac{\partial}{\partial x}(\delta u), \quad \delta\varepsilon_y = \frac{\partial}{\partial y}(\delta v), \quad \delta\gamma_{xy} = \frac{\partial}{\partial x}(\delta v) + \frac{\partial}{\partial y}(\delta u)$$

从而引起形变势能的变分为

$$\delta U = \iint_A (\sigma_x \delta\varepsilon_x + \sigma_y \delta\varepsilon_y + \tau_{xy}\delta\gamma_{xy})\,\mathrm{d}x\mathrm{d}y \tag{B.20}$$

假定弹性体能量守恒，形变势能的增加应当等于外力的势能的减少，也就等于外力所做的功，即外力虚功，于是得

$$\delta U = \delta W$$

将式(B.17)代入上式,得

$$\delta U = \iint_A (f_x \delta u + f_y \delta v)\mathrm{d}x\mathrm{d}y + \int_{s_\sigma} (\bar{f}_x \delta u + \bar{f}_y \delta v)\mathrm{d}s \tag{B.21}$$

式(B.21)即为位移变分方程。它表示:在实际平衡状态发生位移的变分时,所引起的形变势能的变分,等于外力功的变分。从位移变分方程(B.21)出发,可以导出最小势能原理。

▶ B.2.3 最小势能原理

将式(B.21)写成

$$\delta U - \left[\iint_A (f_x \delta u + f_y \delta v)\mathrm{d}x\mathrm{d}y + \int_{s_\sigma} (\bar{f}_x \delta u + \bar{f}_y \delta v)\mathrm{d}s\right] = 0 \tag{B.22}$$

上式的第二项中外力是真实作用力,可以将变分记号 δ 提到积分号前面。

同理,由式(B.19)可得

$$\begin{aligned}\delta[V] &= \delta\left[-\iint_A (f_x \delta u + f_y \delta v)\mathrm{d}x\mathrm{d}y - \int_{s_\sigma} (\bar{f}_x \delta u + \bar{f}_y \delta v)\mathrm{d}s\right] \\ &= -\delta\left[\iint_A (f_x \delta u + f_y \delta v)\mathrm{d}x\mathrm{d}y + \int_{s_\sigma} (\bar{f}_x \delta u + \bar{f}_y \delta v)\mathrm{d}s\right]\end{aligned} \tag{B.23}$$

将式(B.23)代入式(B.22),整理可得

$$\delta(U + V) = \delta \Pi_s = 0 \tag{B.24}$$

式(B.24)表明,实际存在的位移应使总势能的变分为零。这就推导出这样一个定理:在给定的外力作用下,在满足位移边界条件的所有可能的位移函数中,真实的位移函数应使总势能称为极值。

可以证明,真实位移不仅使势能为驻值,而且使势能为极小值。因此,上述原理称为最小势能原理。

设 $\boldsymbol{u}$ 是真实位移, $\boldsymbol{u} + \Delta\boldsymbol{u}$ 是与真实位移临近的任意可能位移(显然,位移差 $\Delta\boldsymbol{u}$ 是齐次可能位移),则

$$\prod\nolimits_p(\boldsymbol{u} + \Delta\boldsymbol{u}) \geqslant \prod\nolimits_p(\boldsymbol{u}) \tag{B.25}$$

证: 根据势能定义式(B.35),有

$$\prod\nolimits_p(\boldsymbol{u}) = \iiint_V \frac{1}{2}\boldsymbol{\varepsilon}^{\mathrm{T}}\boldsymbol{D}\boldsymbol{\varepsilon}\mathrm{d}V - \iiint_V \bar{\boldsymbol{F}}^{\mathrm{T}}\boldsymbol{u}\mathrm{d}V - \iint_{s_\sigma} \bar{\boldsymbol{T}}^{\mathrm{T}}\boldsymbol{u}\mathrm{d}S$$

$$\begin{aligned}\prod\nolimits_p(\boldsymbol{u} + \Delta\boldsymbol{u}) = &\iiint_V \frac{1}{2}(\boldsymbol{\varepsilon}^{\mathrm{T}} + \Delta\boldsymbol{\varepsilon}^{\mathrm{T}})\boldsymbol{D}(\boldsymbol{\varepsilon} + \Delta\boldsymbol{\varepsilon})\mathrm{d}V - \\ &\iiint_V \bar{\boldsymbol{F}}^{\mathrm{T}}(\boldsymbol{u} + \Delta\boldsymbol{u})\mathrm{d}V - \iint_{s_\sigma} \bar{\boldsymbol{T}}^{\mathrm{T}}(\boldsymbol{u} + \Delta\boldsymbol{u})\mathrm{d}S\end{aligned}$$

以上两式相减,得

$$\begin{aligned}\prod\nolimits_p(\boldsymbol{u} + \Delta\boldsymbol{u}) - \prod\nolimits_p(\boldsymbol{u}) = &\frac{1}{2}\iiint_V \boldsymbol{\varepsilon}^{\mathrm{T}}\boldsymbol{D}\Delta\boldsymbol{\varepsilon}\mathrm{d}V + \iiint_V \boldsymbol{\sigma}^{\mathrm{T}}\Delta\boldsymbol{\varepsilon}\mathrm{d}V - \\ &\iiint_V \bar{\boldsymbol{F}}^{\mathrm{T}}\Delta\boldsymbol{u}\mathrm{d}V - \iint_{s_\sigma} \bar{\boldsymbol{T}}^{\mathrm{T}}\Delta\boldsymbol{u}\mathrm{d}S\end{aligned} \tag{e}$$

由于 $\boldsymbol{\sigma}$ 是真实应力,满足静力方程。而 $\Delta\boldsymbol{u}$ 是齐次可能位移,因此虚位移方程成立。仿照式(B.31),有

$$\iiint_V \boldsymbol{\sigma}^{\mathrm{T}} \Delta \boldsymbol{\varepsilon} \mathrm{d}V - \iiint_V \overline{\boldsymbol{F}}^{\mathrm{T}} \Delta \boldsymbol{u} \mathrm{d}V - \iint_{s_\sigma} \overline{\boldsymbol{T}}^{\mathrm{T}} \Delta \boldsymbol{u} \mathrm{d}S = 0 \tag{f}$$

将式(b)代入式(a),得

$$\prod_p(\boldsymbol{u} + \Delta \boldsymbol{u}) - \prod_p(\boldsymbol{u}) = \frac{1}{2} \iiint_V \Delta\, \boldsymbol{\varepsilon}^{\mathrm{T}} \boldsymbol{D} \Delta \boldsymbol{\varepsilon} \mathrm{d}V \tag{g}$$

上式右边是应变 $\Delta\boldsymbol{\varepsilon}$ 相应的应变能,不可能是负值。因此,式(B.42)成立。

▶ B.2.4 虚功方程

应用位移变分方程,还可以导出另一个重要方程,即弹性力学的虚功方程。为此,将 δU 用式(B.20)表示,再代入位移变分方程(B.21),得到虚功方程

$$\begin{aligned} &\iint_A (\sigma_x \delta\varepsilon_x + \sigma_y \delta\varepsilon_y + \tau_{xy} \delta\gamma_{xy}) \mathrm{d}x\mathrm{d}y \\ &= \iint_A (f_x \delta u + f_y \delta v) \mathrm{d}x\mathrm{d}y + \int_{s_\sigma} (\bar{f}_x \delta u + \bar{f}_y \delta v) \mathrm{d}s \end{aligned} \tag{B.26}$$

这就是虚功方程。它表示:如果虚位移发生之前,弹性体处于平衡状态,那么,在虚位移过程中,外力在虚位移上所做的虚功就等于应力在虚应变上所做的虚功。

从以上的讨论可知,位移变分方程(B.21)、最小势能原理(B.24)以及虚功方程(B.26)三者是等价的。它们都是弹性体从实际平衡发生虚位移时,能量守恒定理的具体应用,只是表达方式有所不同。进一步的研究表明,还可以从位移变分方程(或极小势能原理,或虚功方程)导出平衡微分方程和应力边界条件。这就证明:位移变分方程(或极小势能原理,或虚功方程)等价于平衡微分方程和应力边界条件,或者说,可以代替平衡微分方程和应力边界条件。

附录C 三维实体单元和退化单元系列关系

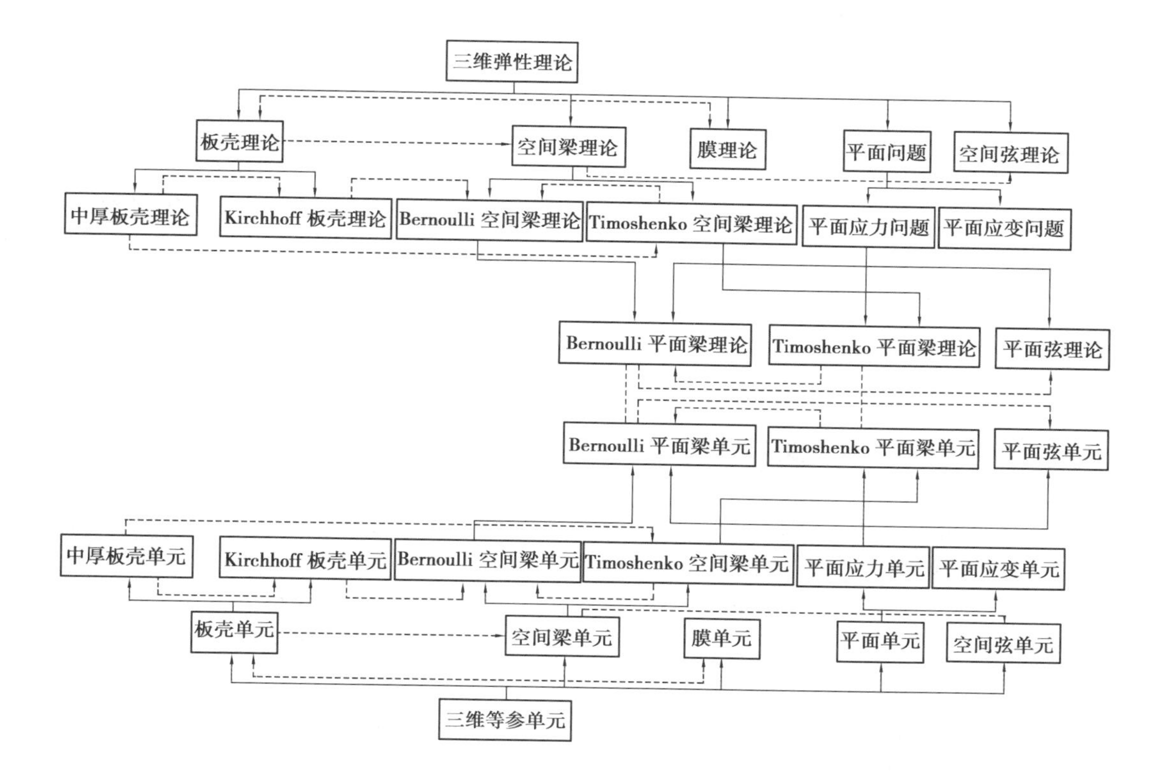

参考文献

[1] 龙驭球. 有限元法概论:上[M]. 北京:人民教育出版社,1978.

[2] 王勖成. 有限单元法[M]. 北京:清华大学出版社, 2003.

[3] Klaus-Jürgen Bathe. 有限元法理论、格式与求解方法:上[M]. 轩建平,译. 北京:高等教育出版社, 2020.

[4] 朱伯芳. 有限单元法原理与应用[M]. 4 版. 北京:中国水利水电出版社, 2018.

[5] 龙驭球,刘光栋. 能量原理新论[M]. 北京:中国建筑工业出版社,2007.

[6] 徐芝纶. 弹性力学[M]. 5 版. 北京:高等教育出版社,2016.

[7] Daryl L. Logan. 有限元方法基础教程[M]. 伍义生,吴永礼,译. 3 版. 北京:电子工业出版社,2003.

[8] 刘正兴,孙雁,王国庆,等. 计算固体力学[M]. 2 版. 上海:上海交通大学出版社,2010.

[9] 库克,等. 有限元分析的概念和应用[M]. 关正西,强洪夫,等译. 4 版. 西安:西安交通大学出版社, 2007.

[10] ZIENKIEWICA,O C,TAYLOR R L. 有限元方法:第 1 卷 基本原理[M]. 曾攀,等,译. 5 版. 北京:清华大学出版社,2008.

[11] 钟光珞,赵冬. 有限单元法及程序设计[M]. 西安:陕西科学技术出版社,1997.